LES PREMIÈRES EXPÉRIENCES AÉROSTATIQUES A VERSAILLES

(19 Septembre 1783 - 23 Juin 1784)

Ch. HIRSCHAUER

LES PREMIÈRES EXPÉRIENCES AÉROSTATIQUES A VERSAILLES

(19 Septembre 1783 — 23 Juin 1784)

Extrait de la *REVUE DE L'HISTOIRE DE VERSAILLES ET DE SEINE-ET-OISE* (17e et 19e Années, 1915-1917).

VERSAILLES

Librairie L. BERNARD, 17, rue Hoche.

M. DUBOIS, Successeur.

1917

LES PREMIÈRES EXPÉRIENCES AÉROSTATIQUES A VERSAILLES

(19 Septembre 1783 — 23 Juin 1784)

On se propose de retracer dans ces quelques pages les deux ascensions de montgolfières qui, en septembre 1783 et en juin 1784, eurent Versailles pour théâtre. Le récit n'en est pas, à vrai dire, entièrement nouveau. Plus favorisée que tant d'autres découvertes dont les origines restent dans l'ombre, l'invention des frères Montgolfier, née chez le peuple du monde le plus friand de nouveautés et dans un siècle vivement épris de recherches scientifiques, fut accueillie dès ses débuts avec un enthousiasme dont les documents du temps (1) offrent mille témoignages. Les dissertations des savants (2), les mé-

(1) Le lecteur ne trouvera ici que les sources communes aux deux expériences de 1783 et 1784; celles qui s'appliquent spécialement à l'une ou l'autre d'entre elles seront citées à leur place.

(2) Il va de soi qu'il faut attacher un grand prix au *Rapport fait à l'Académie des Sciences sur la machine aérostatique de MM. Montgolfier*, par MM. Le Roy, Tillet, Brisson, Cadet, Lavoisier, Bossut, de Condorcet et Desmarest [dans l'*Histoire de l'Académie Royale des Sciences*, année 1783... (Paris, Imprimerie Royale, 1786; in-4°), pp. 5-23], document officiel dont la valeur est attestée par le nom seul de ses auteurs. Il a été publié également dans le *Journal de Physique*... de février 1784 (t. XXIV, 1re partie, pp. 81-94), et il en existe un tirage à part de 27 p. in-4°, paru en 1784, à Paris, chez Moutard, et une traduction italienne, sous le titre : *l'Aerostato Montgolfier in Francia ed Andreani in Italia*... [Milan (G. Galeazzi), 1784 : 19-8 p. in-8°, cité dans G. Hanriot, *Catalogue de la collection Nadar, à la Bibliothèque historique de la ville de Paris*... (dans le *Bulletin de la Bibliothèque et des Travaux historiques de la ville de Paris*, t. VI; Paris, Impr. Nationale, 1913), col. 9]; mais on devra surtout consulter la *Description des expériences de la machine aérostatique de MM. de Montgolfier*..., par Faujas de Saint-Fond (Paris, chez Cuchet, 1783; 306 p. in-8°, 9 pl. h. t.), ouvrage capital pour l'histoire des débuts de l'aérostation. Faujas, très connu pour ses travaux sur la géologie, était lié aussi bien avec les Montgolfier qu'avec leur rival, le physicien Charles, et a été le témoin oculaire de la plupart des expériences dont il donne le récit. Il a également publié une *Méthode aisée de faire la machine aérostatique... dans lequel se trouve la description des expériences qu'on en a faites*... (A Liège, chez Lemarié, 1784 : 36-40 p. in-8°, 2 pl. h. t.). C'est en somme le simple résumé de la *Description des expériences*... Ce dernier ouvrage, traduit en plusieurs langues (voyez-en la liste dans : Liebmann et Wahl, *Katalog des historischen Abteilung der... Luftschiffahrtsaustellung (I. L. A.), zu Frankfurt-a.-M., 1909* (Francfort-sur-le-Main, Wüsten et Cie, 1912; in-4°), pp. 333-335, nos 1002-1006], a également, en 1784, paru à Lausanne, chez J.-P. Heubach, sous le titre : *des Ballons aérostatiques, de la manière de les con-*

moires (1), les correspondances (2), les gazettes (3) donnent sur les premières expériences aéronautiques tous les détails dési-

struire, de les faire élever, avec quelques vues pour les rendre utiles... (*Catalogue* HANRIOT, col. 38; LIEBMANN ET WAHL, p. 333, n° 1000); c'est, semble-t-il, une contrefaçon. En outre, des écrivains peu scrupuleux n'hésitèrent pas à démarquer le livre de Faujas de Saint-Fond : tel l'auteur anonyme de *l'Art de voyager dans les airs ou les Ballons...* [Paris (chez les libraires qui vendent les nouveautés), 1784; 180 p. in-8°. — Voy. LIEBMANN ET WAHL, p. 341, n° 1034], lui-même copié dans *les Ballons aérostatiques ou recueil de divers écrits qui ont paru sur cette célèbre découverte...* (mêmes lieu et date d'édition; in-8°; voy. *Catalogue* HANRIOT..., col. 17). Les auteurs étrangers surtout ne se privèrent pas de piller Faujas : Christian KRAMP s'en est beaucoup inspiré dans les deux volumes de sa *Geschichte der Aerostatik...*, parus en 1784, à Strasbourg, à la Librairie Académique (LIEBMANN ET WAHL, p. 247, n° 641), mais l'imitation est encore plus flagrante dans l'ouvrage de C.-F. D'INARRE, *Umstændliche Beschreibung der Aerostatischen Maschinen...* [Francfort et Leipzick (H.-L. Brönner), 1784; in-16; voy. *Catalogue* HANRIOT, col. 57, et LIEBMANN ET WAHL, p. 336, n° 1014], et dans la *Kurze Nachricht von der Aerostatischen Maschinen...* [Kehl (Expedition der Gelehrten-Zeitung) et Strasbourg (J.-F. Stein); 61 p. in-16; voy. *Catalogue* HANRIOT, col. 60-61, et LIEBMANN ET WAHL, p. 340, n° 1030]. On voit, par cette longue énumération, quel juste succès eut dès son apparition l'ouvrage de Faujas de Saint-Fond, qui a été une des principales sources de cette étude; nous le citerons de préférence aux livres de seconde main dont nous venons d'essayer de donner la liste.

(1) On a, par exemple, consulté avec profit les *Mémoires...* de Mme D'OBERKIRCH [Paris (Charpentier), 1869, in-12]; les fragments du *Journal* de HARDY, publiés notamment par Émile RAUNIÉ au t. X de son *Chansonnier historique du XVIIIe siècle* [Paris (A. Quantin), 1884, in-12]; le *Journal inédit* du duc DE CROY, 1718-1784; éd. de Grouchy et Paul Cottin, t. IV [Paris (Flammarion), 1907, in-8°], et surtout les *Mémoires secrets* (dits de BACHAUMONT) *pour servir à l'histoire de la République des Lettres...*, t. XXIII, et la *Correspondance* de GRIMM, DIDEROT, MÉTRA, etc., t. XIV de l'édition de Garnier, de 1880.

(2) La copieuse correspondance d'Étienne Montgolfier, aussi spirituelle que pleine de faits, mériterait d'être publiée dans son entier. M. Léon ROSTAING, dans son beau livre sur *la Famille de Montgolfier, ses alliances, ses descendants* [Lyon (A. Rey), 1910, in-4°; non mis dans le commerce], a donné de nombreux extraits des lettres conservées dans les archives familiales et a même publié *in extenso* une d'entre elles, particulièrement importante, qui avait déjà été communiquée, il y a une quarantaine d'années, à M. J. GIROUD DE VILLETTE, et reproduite en grande partie par lui dans un très médiocre ouvrage intitulé : *le Premier aérostat monté* [Paris (Auguste Ghio), 1880; in-12]. Une lettre de Montgolfier à l'astronome Lalande se trouve dans le compte rendu fait par ce dernier de la *Description de la machine aérostatique de MM. de Montgolfier...*, de Faujas de Saint-Fond (*Journal des Savants* de l'année 1784, p. 23). Enfin, plusieurs lettres de Montgolfier à son ami Boissy d'Anglas, passées en vente chez Kra, en 1914, ont été acquises par M. Seguin, apparenté, comme on sait, à la grande famille d'Annonay. — Des lettres du prince Bariatinski à l'impératrice Catherine ont été publiées par le prince Nicolas GALITZYNE, sous le titre : *les Premières expériences de Montgolfier, d'après des documents russes*, dans les *Annales internationales d'histoire, Congrès de Paris, 1900*; 5e section : *Histoire des Sciences* [Paris (A. Colin), 1901; in-8°; pp. 146-154, 4 pl. h. t.]. Plus intéressantes seraient, paraît-il, d'autres lettres qui nous ont été signalées, mais de façon trop vague pour que nous en ayons pu retrouver la trace. En outre, d'assez nombreuses lettres ont vu le jour dans les gazettes du temps, dont nous donnons la liste plus loin.

(3) Pour l'histoire des ballons, le *Journal de Paris*, quotidien et consacré spécialement aux sciences, aux lettres et aux arts, est une source inépuisable de ren-

rables; et certes, les historiens n'ont pas manqué pour en tirer profit (1). On a jugé pourtant que les ascensions de Versailles en 1783 et 1784 présentaient encore des particularités assez piquantes et assez peu connues pour que le lecteur pût prendre quelque intérêt à ces deux épisodes importants de l'histoire des ballons.

I

La Montgolfière de l'Académie des Sciences et l'ascension du 19 septembre 1783.

Vers la fin de juillet 1783 (2), les journaux de Paris annoncèrent que, le 5 juin précédent, en présence des États provin-

seignements. C'est là que se développent les polémiques entre les inventeurs, que les savants ou les simples curieux donnent leurs avis, là enfin que se trouve publié, avec le plus de circonstances, le récit des expériences aérostatiques. A ce point de vue, le *Journal encyclopédique ou universel...*, publié à Bouillon, et le *Courier* (sic) *de l'Europe, gazette anglo-françoise*, qui paraissait à Londres, ne sont guère moins importants. Il y a beaucoup moins à prendre dans la *Gazette de France* et le *Mercure de France*, qui traitent surtout, la première des événements politiques, le second de la littérature et des beaux-arts. Les journaux étrangers, également, n'offrent pour la plupart qu'un moindre intérêt : le dépouillement du *Courrier d'Avignon*, du *Courrier du Bas-Rhin*, de la *Gazette des Pays-Bas*, de la *Gazette d'Amsterdam*, de la *Gazette de La Haye* et des *Nouvelles extraordinaires de divers endroits* (ou *Gazette de Leyde*) nous a prouvé que, d'une façon générale, ces feuilles se contentaient de copier les journaux de Paris ou reproduisaient des informations sans doute communiquées par des agences de presse et qui faisaient ainsi le tour de l'Europe. En voici un exemple : dans la *Revue hebdomadaire* du 1er août 1908, p. 74, M. l'abbé J. **Fraikin** a publié la traduction de *Lettres inédites relatives aux expériences des frères Montgolfier*, dont il avait trouvé le texte italien dans un manuscrit de la Bibliothèque Vittorio-Emmanuele, à Rome. Or, pour ce qui concerne l'ascension de Versailles, ce texte n'est que la traduction littérale d'une nouvelle de Paris, publiée le 1er octobre 1783 dans le *Courrier du Bas-Rhin*, et que l'on retrouve, sous une forme légèrement différente, dans le *Courrier d'Avignon* du 30 septembre.

(1) Il faut citer parmi les histoires des ballons qui traitent avec quelque détail des expériences de Versailles : le *Nouveau manuel complet d'aérostation...* de **Dupuis-Delcourt** [Paris (Roret), 1850; in-16], aux pp. 35-37, 62-70 et 102-106 : l'*Histoire des ballons et des ascensions célèbres*, de A. **Sircos** et Th. **Pallier** [Paris (F. Roy), 1876; in-4°], aux pp. 39-46 et 113-117; et surtout l'*Histoire des ballons et des aéronautes célèbres*, de **Gaston Tissandier**, t. Ier [Paris (H. Launette), 1887; in-4°], pp. 16-20 et p. 96. Les historiens de Versailles n'ont pas ignoré non plus les expériences que nous avons entrepris de retracer : on en trouvera de bons récits au t. II de l'*Histoire de Versailles* de J.-A. **Le Roi** [Versailles (P. Oswald), in-8°], pp. 9-14, et dans le bel ouvrage de M. P. **de Nolhac** sur *la Reine Marie-Antoinette* [Paris (Boussod, Valadon et Cie), 1890; in-4°], pp. 80-82.

(2) *Mercure de France* du 26 juillet et *Journal de Paris* du 27. Pour les faits de l'histoire générale des ballons, nous renvoyons une fois pour toutes aux ouvrages cités dans la note précédente ou, plus simplement encore, à la *Description des expériences de la machine aérostatique...* de **Faujas de Saint-Fond**.

ciaux du Vivarais, qui tenaient leur session à Annonay, un globe de taffetas de plus de 22,000 pieds cubes, gonflé d'un gaz encore inconnu, s'était élevé dans les airs et avait été porté à près d'une demi-lieue de son point de départ. L'authenticité de ce fait extraordinaire attesté par un procès-verbal officiel, ne pouvant laisser de doute, la curiosité du public, si souvent déçue, put cette fois se donner passionnément cours. Sans même attendre les détails de l'expérience d'Annonay, on entreprit de la répéter : une souscription, rapidement couverte, permit de construire, sur les indications du physicien Charles, un ballon de petite dimension qui, péniblement gonflé de gaz hydrogène, s'éleva du Champ de Mars, le 27 août 1783, au milieu de l'admiration de tout Paris.

Ni le gouvernement ni l'Académie, de leur côté, n'étaient restés étrangers à une découverte dont on se promettait les plus merveilleuses applications. Vivement frappé par l'expérience du 5 juin, le contrôleur général d'Ormesson en avait, dès le 2 juillet (1), envoyé le procès-verbal à l'Académie des Sciences, en la priant de lui donner son avis sur la machine inventée par les frères Montgolfier et les résultats qu'on en pouvait attendre. La savante assemblée où, un an auparavant, l'astronome Lalande avait gravement proclamé l'impossibilité de jamais naviguer dans les airs (2), sut de bonne grâce ne point s'entêter dans son erreur et chargea une commission de huit membres d'étudier la question. Bien mieux, jugeant nécessaire, pour établir sa conviction, de procéder à des expériences méthodiques et répétées, et n'estimant pas juste de les mettre à la charge de l'inventeur, l'Académie décida de faire les frais d'un nouveau ballon, destiné à remplacer celui qui avait été détruit dans l'ascension du 5 juin.

(1) Cette date est donnée par le *Journal de Paris* du 27 juillet; mais, dès le 28 juin, d'Ormesson avait communiqué à Condorcet le procès-verbal de l'ascension d'Annonay, ainsi qu'il résulte de la lettre possédée par M. Paul Tissandier et signalée dans les *Curiosités aérostatiques de l'origine des ballons; catalogue de la collection Tissandier* (extr. du *Bulletin des Beaux-Arts* de 1886), p. 35. Sur le patronage accordé par l'Académie à Montgolfier, voy. le *Rapport fait à l'Académie des Sciences...*, cité à la note 2 de la page 5.

(2) TISSANDIER, *Histoire des ballons...*, t. Ier, p. XXIII. — Cette erreur exposa Lalande à de piquantes épigrammes, comme celle que publie Em. RAUNIÉ, au t. X du *Chansonnier historique...*, pp. 159-160. Lalande, du reste, encouragea beaucoup Montgolfier et, plus tard, prit une part personnelle aux expériences de Blanchard.

Étienne Montgolfier, le plus jeune des deux frères (1), se trouvait dans le même temps à Paris (2). Se rendant bien volontiers à la flatteuse invitation de l'Académie, il entreprit sans retard de tracer les plans d'une machine plus grande encore que celle d'Annonay et de forme assez différente : au lieu d'être sensiblement sphérique, l'enveloppe devait se terminer, en haut par un cône, en bas par un tronc de cône et, par suite, être beaucoup plus haute que large. L'élévation totale, atteignant près de 70 pieds, dépassait, comme le remarquaient avec étonnement les contemporains, celle de la porte Saint-Denis (3). On peut imaginer les difficultés que présentait un travail si considérable et si nouveau.

La prodigieuse activité d'Étienne Montgolfier n'y eût sans doute pas suffi, s'il n'avait trouvé chez les nombreux amis qu'il comptait à Paris de constants encouragements et l'assistance la plus efficace. Quinquet, dont le nom fut donné à la lampe à réflecteur, le physicien suisse Argand (4), Lange, Mogué de Querville,

(1) Sur Joseph et Étienne Montgolfier, qui se partagent la gloire de l'invention des ballons, voy. Tissandier, *Histoire des ballons*, pp. 3-12, et surtout le livre de L. Rostaing sur *la Famille de Montgolfier*. Joseph avait le génie de l'inventeur, Étienne le talent du metteur en œuvre.

(2) On n'a pas de certitude sur la date de l'arrivée à Paris d'Étienne Montgolfier : il nous dit seulement, à propos du ballon détruit le « 12 septembre », que tout le travail de « deux mois » avait été anéanti en quelques instants. Peut-être ne faut-il pas prendre cette phrase à la lettre, mais on peut penser qu'Étienne commença ses travaux dans la seconde quinzaine de juillet.

(3) Sur le ballon de l'Académie, voy. entre autres : le *Journal de Paris* du 13 septembre 1783 ; le supplément à la *Gazette de La Haye* du 15 et le *Courrier d'Avignon* du 23 septembre, et surtout le *Journal Encyclopédique*... du 15 octobre 1783 et Faujas de Saint-Fond, *op. cit.*, pp. 29-30. La pl. IV de ce dernier ouvrage, gravée par Sellier, donne l'image de l'aérostat ; il en existe une autre représentation plus curieuse encore : on trouvera dans le magnifique recueil publié par Fr.-L. Bruel, sous le titre : *Histoire aéronautique par les monumens peints, sculptés, dessinés et gravés, des origines à 1830* [Paris (Marty), 1909 ; 200 pl. pet. in-fol., tiré à 325 exempl.], un *fac-simile*, d'après l'original du Cabinet des Estampes, d'une aquarelle du chevalier de Lorimier, faite dans les jardins de Réveillon, le 12 septembre, lors du gonflement de la montgolfière. On peut s'y rendre compte que celle-ci présentait bien la forme d'une tente, terme que l'on retrouve fréquemment dans les documents contemporains. — Signalons enfin une plaque de plomb (H. 0,22 — L. 0,36) destinée sans doute au tirage d'estampes populaires ; on y voit figuré, en faible relief et sous une forme assez fantaisiste, le « GONFLEMENT. DE. LA. MACHINE || AEREIENNE (*sic*). DE. Mrs MONGOLFIERS || AU. FAUBOURG. S[t]. ANTOINE. CHEZ || M[r]. REVEILLON || LE. 8. S[bre] || 1783 || A. PARIS. » (*Collection de M. le général Hirschauer*).

(4) Aimé Argand, né à Genève en 1750, mort en Angleterre en 1803, fut le véritable inventeur de la lampe à réflecteur. Il était en 1783 « chef des atteliers » de Réveillon (*Journal Encyclopédique*..., Bouillon, 1784, t. Ier, p. 318). Fort lié avec Montgolfier, comme on aura l'occasion de le voir dans la suite du récit, il prit une

d'autres encore, rivalisèrent en l'occurrence de bons offices; mais, au premier rang, il faut citer Réveillon, le propriétaire de la manufacture royale de papiers peints du faubourg Saint-Antoine. Poussé par l'amitié et par un zèle très vif pour les sciences, il offrit à Montgolfier la plus libérale hospitalité dans ses vastes ateliers qui occupaient, rue de Montreuil, une partie des bâtiments et du magnifique parc de l'ancienne « Folie-Titon » (1), là même où la fameuse émeute du 28 avril 1789 devait porter la ruine et l'incendie.

Le lieu offrait à Montgolfier mille avantages : la tranquillité d'un quartier suffisamment éloigné du centre de Paris pour que la cohue des badauds ne s'y portât pas, de vastes dégagements permettant de gonfler l'énorme machine et, s'il en était besoin, de la retoucher tout à l'aise, la possibilité même de procéder à des ascensions d'essai. Surtout, l'obligeante amitié de Réveillon se montrait singulièrement précieuse : non content de mettre à la disposition de son confrère d'Annonay ses ateliers et toute la main-d'œuvre désirable, il ne cessa lui-même d'être pour Étienne Montgolfier un collaborateur plein de ressources et de dévouement (2).

Pour reproduire aussi exactement que possible les conditions de l'expérience d'Annonay et surtout dans le louable dessein d'épargner les deniers de l'Académie, Montgolfier avait été amené à négliger quelque peu la solidité de l'appareil, en écartant pour la confection de l'enveloppe l'emploi de la toile : les fuseaux, soigneusement dessinés et découpés, étaient faits de

part active aux préparatifs de l'ascension du ballon de Charles et Robert, lancé du Champ de Mars (*Ibid.*, ann. 1783, t. VII, p. 128), et imagina, en collaboration avec Faujas de Saint-Fond, un procédé pour produire rapidement l'hydrogène (*Journal de Paris* du 13 septembre 1783, p. 1058). Plus tard, il continua de s'intéresser à l'aérostation : d'après un renseignement communiqué par M. Charles Dollfus, il fit devant le roi Georges IV diverses expériences avec des ballons de petite dimension. La première eut lieu le 25 novembre 1783, sur la prairie de Saint-James (Extrait d'une lettre de Joseph Montgolfier, publ. dans le *Journal Encyclopédique*... de 1784, t. Ier, p. 348).

(1) La « Folie-Titon » doit son nom à l'auteur du *Parnasse François*, Evrard Titon du Tillet, maître d'hôtel de la duchesse de Bourgogne (1677-1712). Une partie de la propriété, qui était immense, devint hôtel Damas, et dans l'autre, Jean-Baptiste Réveillon installa sa « manufacture royale de papiers peints et veloutés », d'où sortirent les premiers papiers de tenture que l'on vit en France. C'est aujourd'hui le numéro 31 de la rue de Montreuil.

(2) On en trouve le témoignage, en particulier, dans Faujas de Saint-Fond, *op. cit.*, p. 31, et dans le *Rapport fait à l'Académie des Sciences sur la Machine aérostatique*..., à la p. 11 de l'*Histoire de l'Académie*..., année 1783.

simple canevas doublé de papier sur les deux faces (1). Ce scrupule d'économie n'allait pas tarder à montrer ses fâcheux effets. En raison des grandes dimensions de la montgolfière, tout le travail dut se faire en plein air (2). Tous les soirs et chaque fois que, dans cette changeante saison, le temps menaçait, il fallait donc rentrer l'enveloppe; ces pliages répétés n'étaient pas sans la fatiguer beaucoup (3).

Au milieu de ces difficultés, Montgolfier se trouvait soutenu par les encouragements qu'il recevait de toutes parts. Gagné par l'enthousiasme universel, le Roi lui-même était allé jusqu'à prendre à sa charge tous les frais de l'expérience (4), à la condition que celle-ci eût lieu, non pas à Paris, mais à Versailles. La date en fut fixée au vendredi 19 septembre.

Si flatteur que fût cet illustre patronage, Étienne Montgolfier attachait plus de prix encore au suffrage des savants. Avant d'offrir à la Cour et au peuple le spectacle public de la nouvelle découverte, il voulut que l'Académie des Sciences eût le loisir de poursuivre l'examen qu'elle en avait entrepris; le 11 septembre, la machine étant terminée et un premier essai ayant donné les résultats les plus satisfaisants (5), Montgolfier se tint pour le lendemain à la disposition des commissaires de l'Académie (6).

(1) FAUJAS DE SAINT-FOND, *op. cit.*, pp. 29-32.

(2) Un correspondant anonyme du *Journal Encyclopédique*... (ann. 1783, t. VII, pp. 326-327) donne sur cette opération des détails assez singuliers : « C'est une chose vraiment curieuse que d'y voir travailler M. de Montgolfier; il entre dans sa machine, fait du gaz, la toile se lève, et les ouvriers, hommes et femmes, sont sur des échelles et cousent à mesure, en sorte que ce qui servira à l'élever dans les airs sert aussi à sa prompte construction. Voilà où l'homme de génie se fait connoître; c'est par la simplicité des moyens qu'il emploie ».

(3) « C'étoit un très grand embarras que de ployer chaque soir une enveloppe si lourde et que les forts papiers dont elle étoit couverte rendoient cassante; aussi falloit-il ordinairement au moins vingt hommes pour la remuer et ils étoient obligés d'user d'adresse et de précaution pour ne rien détruire. Jamais machine n'a donné autant d'inquiétude ni d'embarras. » (FAUJAS DE SAINT-FOND, *op. cit.*, pp. 30-31).

(4) « ... Le Gouvernement ayant senti depuis l'importance de cette découverte et que ces frais pourroient être trop considérables pour l'Académie, s'est chargé de toutes les dépenses que l'on a faites à cette occasion. » (*Rapport... à l'Académie...*, p. 5, en note). De fait, on trouve aux Archives nationales, *reg.* O[1]2940, dans le fonds de la Maison du Roi, le compte général de la dépense de l'expérience; il monte à 6,744 liv. 5 s., dont 6,000 furent remises à Montgolfier pour compter avec Réveillon et solder tous les frais, sauf ceux du transport et de l'installation à Versailles.

(5) FAUJAS DE SAINT-FOND, *op. cit.*, p. 32.

(6) Sur l'expérience du 12 septembre, voy. FAUJAS DE SAINT-FOND, *op. cit.*, pp. 32-35, le *Rapport... à l'Académie...*, p. 12, le *Courrier d'Avignon* du 23 septembre, la *Gazette de La Haye* du 26 et le supplément au *Mercure de France* du 27 de ce mois.

Au cours de la nuit, le vent s'éleva et la pluie tomba par intermittence; et quand, dans la matinée du 12, l'abbé Bossut, Cadet, Brisson, Lavoisier et Desmarest, désignés par leurs collègues pour suivre les expériences (1), arrivèrent à la Folie-Titon, où les avait déjà précédés une assemblée des plus distinguées, le temps était encore fort couvert. Pourtant, ne voulant pas tromper la curiosité d'une si brillante assistance, Étienne Montgolfier crut pouvoir procéder à un essai pour lequel tous les préparatifs étaient faits : l'enveloppe, suspendue par le haut à un câble, avait été disposée de telle façon qu'il suffit de jeter dans le foyer 50 livres de paille sèche et une dizaine de livres de laine hachée, pour qu'en dix minutes à peine le gonflement fût terminé.

D'abord inerte et sans forme, l'énorme globe se développa rapidement, offrant aux regards son ingénieuse décoration et faisant admirer à la fois son élégance et sa force; bien que lesté d'un poids de 500 livres, il cherchait à échapper aux cordes qui le retenaient à quelques pieds du sol. Le malheur voulut que l'orage éclatât tout d'un coup avec une extrême violence, et le fragile ballon, détrempé par la pluie, secoué par la bourrasque, ne tarda pas à se déchirer (2). Un ami de Montgolfier, Argand, avait conseillé de couper les cordes et d'abandonner au vent l'appareil; mais, à cause de l'expérience qui devait avoir lieu quelques jours après à Versailles, Montgolfier voulut tenter encore des efforts qui ne firent que hâter la destruction de l'aérostat; une pluie continue d'un jour entier acheva d'en anéantir jusqu'aux lambeaux.

Quelques heures avaient eu raison du patient travail de

(1) Tillet, Le Roy et Condorcet, chargés par l'Académie de la même mission, ne s'étaient point dérangés, jugeant que le mauvais temps empêcherait l'expérience d'avoir lieu (supplément au *Mercure*... du 27 septembre).

(2) Le même journal décrit avec de curieux détails cette scène : Bien que « ... trente hommes la retinssent [*la machine*] fortement avec des cordes, ce ballon, semblable à un animal furieux, ne connaissoit aucun frein, il se débattoit et sembloit vouloir s'élever; tous les fils de la toile, tous les câbles étoient dans une tension qui faisoient (*sic*) craindre qu'on ne pût pas le ramener à terre, et il fut question un moment de l'abandonner à lui-même. Mais, comme il devoit servir à l'expérience que le Roi a voulu voir, on se décida à le contenir et à le descendre en employant de nouvelles forces. Ce fut alors que, ballotté par le vent et par la force intérieure qu'il lui opposoit, ainsi que par les efforts qu'on faisoit pour le retenir, il fut dégradé en plusieurs endroits... ».

plusieurs semaines, et il ne restait plus que sept jours avant l'expérience de Versailles, fixée au 19 septembre.

Montgolfier, pourtant, ne perdit pas courage. La sympathie qu'il trouva dans l'assistance, où les dames s'offraient à réparer le malheur de leurs mains (1), l'estime dont témoignait le procès-verbal très élogieux rédigé par les commissaires de l'Académie (2), le sentiment enfin qu'il ne fallait pas, sous peine de déshonneur, demeurer sur cet échec, lui firent vite prendre son parti. Sans s'arrêter au peu de temps dont il disposait, il entreprit vaillamment de construire pour la date indiquée une nouvelle montgolfière et, dans la soirée du samedi 13 (3), se remit à l'ouvrage.

La gageure fut tenue et, dès le jeudi, à 8 heures du matin (4), c'est-à-dire en moins de cinq jours, le travail se trouva terminé. Il est vrai que, pour gagner du temps et pour donner à l'enveloppe plus de solidité, Montgolfier avait renoncé à l'emploi du canevas doublé de papier et s'était servi d'une bonne toile de Rouen dont il fallut quelque 600 aunes, le ballon ne cubant pas moins de 37,500 pieds, soit près de 1,400 mètres cubes. Pour lui donner ce cachet de beauté dont ne manquaient jamais les appareils scientifiques de ce temps, l'extérieur en était peint à la détrempe de couleur bleue et présentait divers ornements et le

(1) « Les dames même » avaient « demandé », nous rapporte le *Mercure* du 25 septembre, « qu'on les employât toute la journée à coudre avec les femmes chargées de ce travail ».

(2) Ce procès-verbal constatait que la montgolfière avait « perdu terre, chargée de quatre à cinq cens livres », et que seul un cas imprévu était venu interrompre l'expérience. L'original, qui existe encore dans les archives de l'Académie des Sciences, a été publié par M. Léon Rostaing, dans son ouvrage sur *la Famille de Montgolfier*..., p. 271 ; on trouvera également ce texte important dans Faujas de Saint-Fond, *op. cit.*, p. 35, n. 1.

(3) Montgolfier, dans sa lettre à Lalande, que nous publierons en appendice, écrit : « Le samedi... j'y entrevis de la possibilité (*de faire l'expérience de Versailles au jour fixé*), et le dimanche au matin, je fis mettre le plus d'ouvriers qu'il fut possible, etc... » ; mais, dans sa lettre à sa femme du 19 septembre (publ. dans Rostaing, *op. cit.*, pp. 271 sqq.), il dit nettement : « ... Nous commençâmes samedi, à neuf heures du soir ». Les deux textes ne sont pas incompatibles ; probablement, la journée du samedi fut employée à tracer les plans de la nouvelle machine, le travail de confection commença dans la soirée, mais ne fut activement poussé qu'à partir du dimanche matin.

(4) Voy. les deux lettres de Montgolfier citées ci-dessus, et Faujas de Saint-Fond, *op. cit.*, pp. 36-37.

monogramme royal en ton d'or. La nouvelle montgolfière mesurait 57 pieds de haut et 41 de large (1).

Étienne Montgolfier ne voulut point partir pour Versailles sans avoir fait l'essai de sa machine et convoqua de nouveau les commissaires de l'Académie pour le matin du jeudi 18 (2); mais le temps incertain fit remettre l'expérience à l'après-midi (3). Vers 4 heures seulement, le ciel parut un peu se dégager et Montgolfier donna l'ordre de procéder au gonflement. Mais à peine venait-on, pour faciliter cette opération, de soulever l'enveloppe à l'aide d'un câble fixé à sa partie supérieure, qu'une bourrasque s'éleva subitement et, s'engouffrant avec violence dans cette énorme voile, la déchira vers le sommet en plusieurs endroits. Comme près de trois cents personnes, dont beaucoup de dames, s'étaient, au mépris des consignes, glissées dans les jardins de la Folie-Titon (4), le désordre qui suivit cet accident imprévu ne fut pas petit, chacun se mêlant d'y porter remède. Pourtant, le physicien Argand parvient à dominer le tumulte; on l'écoute et, sur son conseil, après avoir procédé à une réparation hâtive, l'on profite d'une accalmie pour reprendre le gonflement (5). Cette fois, le succès est complet : en six minutes, le ballon s'enfle, se soulève, quitte la terre et reste suspendu par un solide câble à 12 pieds du sol. « Les battements de mains se font entendre », écrit Montgolfier à sa femme; « on m'entraîne

(1) Ce sont les chiffres que donnent Faujas de Saint-Fond, *op. cit.*, p. 46, et le *Rapport... à l'Académie...*, p. 12; mais d'autres documents indiquent des dimensions différentes, en particulier pour la hauteur; la divergence n'est qu'apparente, certains auteurs ne tenant pas compte dans leurs mesures du col allongé placé sous la partie sphérique de la montgolfière.

(2) Sur l'expérience du 18 septembre, Faujas de Saint-Fond (*op. cit.*, pp. 36-37) et le *Rapport... à l'Académie...* (pp. 12-13) ne donnent que peu de détails; on possède heureusement le témoignage de Montgolfier lui-même dans sa lettre à sa femme, publiée par Rostaing, *op. et loc. cit.*

(3) « Une sorte de pluie, qui nous menace d'une journée semblable à celle de vendredi, nous oblige à la couvrir précipitamment (*la montgolfière*). Partie des académiciens arrive et on va tristement dîner. » (Lettre de Montgolfier à sa femme).

(4) « Attendu la précaution prise de refuser la porte à tout autre qu'aux commissaires de l'Académie », écrit malicieusement Montgolfier, « il ne se trouvait dans le jardin que trois cents personnes. » (*Ibid.*)

(5) « Cric, crac, le sommet se fend et se déchire en plusieurs endroits. Aussitôt, on cale le navire, on appelle plusieurs calfats et on tient conseil sur l'opération à faire. Celui qui crie le plus fort l'emporte, comme de coutume; ce fut, je crois, M. Argand. On rassemble la partie délabrée; une ficelle l'entoure et la partie blessée se plissant sous les tours redoublés, il ne paraît plus d'issue à l'air. » (*Ibid.*)

à l'extrémité du jardin pour que je juge mieux de son effet. Quoique peigné en diable et une barbe de réserve, ne nous étant rien dit avec mon perruquier depuis trois jours, une dame m'embrasse et il me faut faire la ronde des dames (1). »

Mais l'heure passait et l'on eut juste le temps, avant qu'il fît nuit noire, de rentrer le ballon et de le plier avec soin : on attendait en effet pour 6 heures le chariot envoyé par l'administration des Menus-Plaisirs pour transporter l'enveloppe à Versailles. La voiture n'arriva qu'à 8 h. 1/2 et le chargement du ballon et de tout le matériel nécessaire à l'expérience du lendemain ne se termina pas avant 11 heures (1).

Le vendredi, à 4 heures, l'infatigable Montgolfier était debout, et à 5, il prenait le chemin de Versailles; mais, si grande diligence qu'il pût faire, il trouva tous les préparatifs fort avancés et la foule déjà considérable (2).

(1) Lettre de Montgolfier à sa femme.

(2) FAUJAS DE SAINT-FOND (*op. cit.*, pp. 36-48) s'étend longuement sur l'expérience de Versailles et mérite la confiance des nombreux auteurs qui l'ont suivi : mais les documents ne manquent pas pour le contrôler et le compléter. Ce sont d'abord les deux lettres de Montgolfier citées plus haut, les relations publiées dans le *Journal de Paris* du 20 septembre (reproduite dans le *Mercure de France* du 25 de ce mois et, avec des variantes, dans le *Journal Encyclopédique*... du 15 octobre 1783, pp. 325-326), la *Gazette de France* du 23 (reproduite dans le supplément de la *Gazette de Leyde* du 30), la *Gazette de La Haye* du 29 (reproduite avec des variantes dans le *Courrier d'Avignon* du 30), le *Courrier du Bas-Rhin* du 1er octobre (reproduite dans les *Lettres relatives aux expériences des frères Montgolfier*, publiées par l'abbé FRAIKIN, au numéro du 1er août 1908 de la *Revue hebdomadaire*, p. 74). Une de nos sources principales a été l'opuscule de PINGERON, *l'Art de faire soi-même les ballons aérostatiques conformes à ceux de M. de Montgolfier* [Amsterdam et Paris (chez Hardouin), s. d. (1783); 42 pp. in-8°], qui est en réalité, comme l'indique le sous-titre de la page 1, la *Copie d'une lettre écrite à Madame la marquise de Brantès, d'Avignon, le 22 septembre* 1783, *sur l'expérience faite le 19 du même mois à Versailles, du ballon aérostatique imaginé par* M. de *Montgolfier... devant Leurs Majestés le Roi et la Reine et toute la famille royale, entre midi et une heure.* Les *Mémoires secrets...* de Bachaumont relatent l'ascension de Versailles à la p. 189 du t. XXIII. Dans son pamphlet anonyme contre l'engouement causé par les expériences nouvelles, paru sous le titre : *Lettre à Monsieur le président de *** sur le globe airostatique* (sic)... *et sur l'état présent de l'opinion publique à Paris*... [Londres et Paris (Cailleau), 1783; 32 p. in-8°], RIVAROL donne un récit assez exact, mais bien entendu à tendance malveillante, de la journée du 19 septembre. Enfin, on trouvera de la même expérience une relation humoristique et fantaisiste dans *Calypso ou les Babillards*, par une Société de gens du monde et de gens de lettres, t. Ier [Paris (chez Regnault), 1784; in-8°], pp. 56 sqq. — Voilà pour les ouvrages de première main; les autres sont innombrables et nous nous contenterons de citer ici quelques-uns de ceux qui ont vu le jour au XVIIIe siècle : *les Ballons aérostatiques*... (voy. ci-dessus, p. 5, n. 2), pp. 57 sqq. ; *l'Art de voyager dans les airs*..., pp. 77 sqq. ; l'*Almanach des ballons*... [Annonay et Paris (Langlois), 1784; in-16], pp. 31-35; Ch. KRAMP, *Geschichte der Aerostatik*... (cf. note 2 de la p. 5), t. II, pp. 46-54; C.-F. D'INARRE, *Umstændliche Beschreibung der aerostatischen Maschinen*..., pp. 48-54, etc,

Dès la veille, les intendants des Menus avaient fait établir (1) au milieu de la cour des Ministres un immense échafaud octogonal, entouré de tentures qui dissimulaient la charpente et percé au centre d'une grande ouverture circulaire sous laquelle était placé un réchaud bourré de paille. Une sorte d'entonnoir de toile devait conduire l'air chaud du foyer dans le globe. Un passage ménagé sous l'estrade permettait de circuler commodément autour du fourneau et facilitait aux ouvriers leurs manœuvres.

A partir de 7 heures, les spectateurs commencèrent d'affluer de telle sorte qu'il fallut, sans plus tarder, organiser le service d'ordre (2). Un premier cordon de grenadiers des gardes française et suisse entourait d'assez près l'échafaud et en interdisait strictement l'accès; un autre, de fusiliers, placé à bonne distance, délimitait l'espace réservé aux savants et aux invités de marque; enfin, une double haie de gardes, partant du Château, laissait libre le chemin que devaient prendre le Roi et les princes pour venir visiter la machine.

Tout ce déploiement de forces n'était pas inutile pour contenir une foule impatiente et sans cesse accrue (3) ; toute la matinée, la route de Paris déversa un flot ininterrompu sur la place d'Armes et ses abords; les documents du temps parlent de 120,000 à 150,000 spectateurs.

Au Château, la Cour ne marquait pas une moindre curiosité. Dès son arrivée, impatiemment attendue, Étienne Montgolfier s'était mis en rapport avec le maréchal de Duras, gentilhomme de la Chambre (4), qui fit preuve en la circonstance du zèle le plus aimable et prit grand intérêt aux explications qui lui furent données sur l'expérience et son succès probable. Il conseilla

(1) PINGERON, *op. cit.*, pp. 2-8, donne les détails les plus minutieux sur ces installations.

(2) C'est encore le même ouvrage (p. 6) que nous avons suivi pour ce paragraphe.

(3) PINGERON, *op. cit.*, p. 11; FAUJAS DE SAINT-FOND, *op. cit.*, pp. 39-40; les *Mémoires secrets*... de Bachaumont, t. XXIII, p. 189, témoignent de l'énorme affluence des curieux qui, de Paris et de Versailles, étaient venus admirer le départ de la montgolfière.

(4) « M. le maréchal de Duras, gentilhomme de la Chambre, donna dans cette occasion des preuves de l'intérêt qu'il prenoit à cette découverte, et le zèle qu'il voulut bien y mettre lui attira l'hommage et la reconnoissance des savans et des gens de lettres. » (FAUJAS DE SAINT-FOND, *op. cit.*, p. 39, n. 1).

La Montgolfière du 19 septembre 1783 (*gravure populaire* d'après l'exemplaire de la Bibliothèque de Versailles).

même à l'inventeur d'en rendre compte directement au Roi et de rédiger à cet effet une courte note indiquant, en particulier, la durée présumée de l'ascension, la distance que parcourrait vraisemblablement le ballon et la hauteur où l'on pouvait compter qu'il s'élèverait (1). Montgolfier suivit cet avis et, vers 11 h. 1/2, fut introduit au lever, où il put remettre lui-même au Roi le précis demandé (2). Cette entrevue, du reste, fut brève et Montgolfier ne tarda pas à regagner sa machine, que de toute la matinée il avait peu quittée.

Les documents (3) nous le montrent ayant l'œil à tout, stimulant par son exemple le zèle des ouvriers, dirigeant avec Réveillon la délicate mise en place de l'enveloppe, conservant cependant tout son calme au milieu de l'agitation et recevant de sang-froid les éloges et les applaudissements. On admira beaucoup le ton modeste, mais assuré, dont il donnait les explications nécessaires aux illustres personnages qui avaient le privilège de franchir le double cordon de troupes et de parvenir jusqu'à l'aérostat. Le comte d'Artois, qui se piquait de nouveautés et prenait intérêt à la physique, vint le premier, accompagné d'une suite nombreuse; le comte et la comtesse de Provence le suivirent de peu, ainsi que Madame Élisabeth (4).

Le Roi et la Reine, précédés d'un détachement de Gardes du Corps et de Cent-Suisses, escortés de la foule des courtisans, descendirent enfin du Château (5). Mais, en dépit de ce pompeux appareil, les souverains témoignèrent à Montgolfier une bien-

(1) Lettre de Montgolfier à sa femme, publiée dans ROSTAING, *op. et loc. cit.*

(2) *Ibid.* — « Sous Louis XVI, qui quittait son lit à sept ou huit heures du matin, le lever était à onze heures et demie... » [Cte D'HEZECQUES, *Souvenirs d'un page de la Cour de Louis XVI* (Paris, Didier, 1873, in-12), pp. 161-162].

(3) Voici, par exemple, le portrait que PINGERON (*op. cit.*, pp. 15-16) nous trace d'Étienne Montgolfier : « M. de Montgolfier est un homme d'une taille assez avantageuse et entre deux âges : il étoit vêtu de noir et paroissoit donner ses ordres, pendant le cours de l'expérience, avec le plus grand sang-froid. La sévérité de son visage et sa tranquillité paroissoient annoncer la certitude où étoit cet habile physicien du succès de son expérience. Il n'y a personne de plus modeste que M. de Montgolfier ».

(4) Nous avons adopté pour toutes ces visites l'ordre indiqué par PINGERON, *op. cit.*, pp. 8-9. A prendre à la lettre ce que Montgolfier écrit à sa femme, le Roi et la Reine seraient venus avant les princes, et Monsieur avant le comte d'Artois; mais ce peut fort bien être simple affaire de style : dans une énumération, l'ordre hiérarchique s'emploie mieux que le chronologique. En tout cas, le texte de PINGERON est trop précis pour que l'on puisse le mettre en doute.

(5) PINGERON, *op. cit.*, pp. 8-9; FAUJAS DE SAINT-FOND, *op. cit.*, p. 40.

veillance dont le manque d'affectation doublait le prix : c'est avec la plus grande simplicité et sur le ton le plus affable qu'ils s'instruisirent auprès de l'inventeur des détails de l'expérience (1); ils tinrent même à pénétrer sous l'estrade et à constater de leurs yeux que le gonflement n'exigeait rien autre qu'un réchaud garni de paille (2).

Leur curiosité satisfaite, le Roi et la Reine retournèrent au Château pour entendre la messe. Montgolfier en profita pour donner les derniers ordres. Au sortir de la chapelle, en effet, Marie-Antoinette se rendit avec ce que la Cour comptait de plus brillant sur la terrasse de l'aile méridionale du Palais, où une vaste tente avait été dressée, tandis que le Roi, entouré seulement de quelques seigneurs, s'était installé, pour observer plus commodément le départ, sur le grand balcon de sa chambre (3).

(1) Montgolfier rapporte à sa femme cette piquante anecdote : « M. de Cubières accompagnait le Roi. Il s'égosillait avec M. Réveillon à m'appeler, attendu que j'étais de l'autre côté de l'échafaud et ne les voyais point. Le Roi, qui tenait le précis à la main, prenant M. de Cubières par le bras, lui dit : *Ne soyez pas inquiet, voici le petit Montgolfier, qui, en tout cas, m'expliquera cela.* » (**Rostaing**, *op. cit.*, p. 273). « M. le marquis de Cubières, écuyer du Roi, qui cultive d'une manière si distinguée les sciences et les beaux-arts, et qui a formé à Versailles un cabinet d'histoire naturelle et de physique si intéressant », nous dit **Faujas de Saint-Fond** (*op. cit.*, p. 39), est le célèbre amateur de jardins dont M. Paul Fromageot a retracé de façon si attachante la carrière dans le tome IV de la *Revue de l'Histoire de Versailles*, sous le titre : *le Jardin du marquis de Cubières*. Grâce à l'obligeance de M. Henri Fromageot et de sa sœur, Mme Ribadeau-Dumas, nous avons pu prendre connaissance des notes et documents de notre regretté collègue relatifs à Cubières et de la correspondance inédite de ce dernier avec Mlle Pauly, mais nous n'y avons rien trouvé qui se rapportât à l'expérience de Versailles. Dans la suite, le marquis de Cubières resta en bonnes relations avec Montgolfier et mit à sa disposition le crédit dont il jouissait à la Cour. Il continua de s'intéresser à l'aérostation et, le 28 août 1785, fit même une ascension dans le « ballon de Javel », construit par Alban et Vallet, directeurs de l'usine de produits chimiques de Javel, qui prétendaient avoir inventé le moyen de diriger les ballons.

(2) Sans la moindre preuve et contrairement aux témoignages les plus précis, les *Mémoires secrets*... (t. XXIII, p. 189) racontent que « MM. de Montgolfier... ont fait ramasser tous les vieux souliers qu'on a pu trouver et les ont fait jeter dans un feu de paille mouillée où l'on prétend qu'il y avait aussi des charognes d'animaux pourris : telles sont les matières de leur gaz. Le Roi et la Reine sont venus voir de près cette machine ; mais l'odeur infecte a obligé Leurs Majestés de se retirer ». Ce qu'il faut retenir de cette fausse anecdote, c'est l'ignorance où les contemporains se trouvèrent assez longtemps (non sans que les Montgolfier eux-mêmes ne favorisassent quelque peu cette erreur) de la nature exacte du gaz employé par les inventeurs.

(3) Tous ces détails sont fournis par **Pingeron**, *op. cit.*, p. 9. La gravure dont nous donnons la reproduction (planche II) permet de voir nettement sur la terrasse de l'aile opposée à la Chapelle la tente dressée pour la Reine.

C'est de là qu'à une heure moins quatre, il donna le signal du départ (1) : la détonation d'une boîte d'artifices fit taire subitement tous les bruits de la foule et l'avertit que le gonflement commençait. On vit la masse confuse des toiles étendues sur l'estrade s'animer tout à coup et présenter en peu d'instants sa véritable figure. Moins de sept minutes après, une deuxième détonation indiqua que le globe se trouvait plein; une troisième, presque simultanée, marqua l'instant où, sur l'ordre de Montgolfier, les seize ouvriers cramponnés aux cordages donnèrent au ballon libre essor (2).

Aux applaudissements universels, la montgolfière s'éleva majestueusement dans les airs, emmenant, avec un baromètre soigneusement empaqueté, trois voyageurs involontaires : un mouton, un coq et un canard. Pilâtre de Rozier (3) avait sollicité dès le 30 août l'honneur, qui devait d'ailleurs un peu plus tard lui revenir, d'être le premier navigateur aérien (4). Mais des savants plus timides firent des objections : les uns parlaient de la difficulté de respirer dans les hautes couches de l'atmosphère; d'autres assuraient que l'imprudent, à l'atterrissage, ne pouvait manquer de se briser bras et jambes. Le parti de la prudence l'emporta d'autant plus aisément que, l'expérience ayant lieu en présence du Roi, la moindre crainte d'accident devait être écartée (5). Sur le point de pénétrer dans le domaine mystérieux dont il avait si longtemps rêvé la possession, il semblait que l'homme hésitât au seuil et voulût que d'autres êtres terrestres, même des plus humbles, essayassent avant lui la route de l'air.

Aussitôt après le départ de la machine, Montgolfier monta

(1) Pingeron, *op. cit.*, p. 10. Dans sa lettre à Lalande, Montgolfier dit au contraire que le signal fut donné par la Reine.

(2) Pingeron, *op. cit.*, pp. 10-13; lettres de Montgolfier à sa femme et à Lalande. Au début du gonflement, un coup de vent était venu secouer violemment l'enveloppe et avait rouvert les déchirures qui s'étaient produites la veille et n'avaient été, comme on l'a vu, que sommairement réparées.

(3) François Pilastre, fils de Mathurin, dit du Rosier, aubergiste, naquit à Metz, le 30 mars 1754, et mourut de la façon tragique que l'on sait, le 16 juin 1785. C'est en arrivant à Paris qu'il avait pris le nom de Pilâtre de Rozier sous lequel il est connu. [E.-A. Bégin, *Esquisses biographiques et littéraires* (Metz, impr. Dembourg et Gangel; s. d.; in-8°), p. 2, en note].

(4) *Rapport... à l'Académie...*, p. 15.

(5) Sircos et Pallier, *Histoire des Ballons...*, p. 44, n. 1.

chez le Roi, qui venait de suivre à la lunette la marche de l'aérostat et qui lui désigna le lieu de l'atterrissage (1).

L'ascension, en effet, avait été courte : la déchirure de la veille s'était rouverte au cours du gonflement sans que Montgolfier en fût averti par ses aides; en outre, le ballon était à peine parti qu'il fut saisi par un coup de vent vertical, comme il s'en produit souvent aux abords de bâtiments élevés. La montgolfière, lestée de façon insuffisante, se pencha violemment et perdit encore par l'ouverture inférieure une partie de son air chaud (2). Aussi, parvenu à 240 toises au-dessus de son point de départ, altitude calculée par les astronomes postés à l'Observatoire de Paris (3), l'aérostat ne tarda-t-il pas à incliner doucement vers les bois de Vaucresson et, après une course de huit minutes, prit terre au carrefour du Fonds-Maréchal (4), à trois kilomètres de la place d'Armes.

Seuls, deux gardes-chasse étaient sur les lieux et assistèrent à la descente du ballon (5); ils n'en durent pas être trop effrayés, car l'expérience avait été annoncée dans toute la banlieue de Versailles par l'intermédiaire du *Journal de Paris* qui, dans son numéro du 13 septembre, publiait une curieuse note destinée à prévenir les terreurs qu'aurait pu inspirer l'apparition dans les airs de ce singulier objet (6).

(1) « Je trouvai le Roi encore occupé à observer la machine avec sa lunette; il me montra l'endroit où elle était tombée, me témoigna sa satisfaction et, sur ma demande, donna l'ordre qu'on allât... voir l'état dans lequel étaient les animaux. » (Lettre de Montgolfier à sa femme).

(2) Lettres de Montgolfier à sa femme et à Lalande; FAUJAS DE SAINT-FOND, *op. cit.*, pp. 41-42.

(3) *Journal de Paris* du 24 septembre et surtout FAUJAS DE SAINT-FOND, *op. cit.*, où l'on trouvera, pp. 44-46, en note, le détail des observations faites par les astronomes Le Gentil et Jeaurat qui, placés à deux étages différents de l'Observatoire de Paris, calculèrent l'altitude atteinte par l'aérostat, d'après son diamètre apparent et l'angle qu'il faisait au-dessus de l'horizon. Ils obtinrent des résultats concordants.

(4) Le lieu de l'atterrissage, marqué sur la carte de la p. 21, est bien reconnaissable aujourd'hui : le carrefour du Fonds-Maréchal forme une sorte de terrasse et offre sur la plaine du Chesnay et sur Versailles une vue dégagée; le Touring-Club y a placé un banc. La montgolfière était venue se heurter doucement contre les arbres qui bordent le chemin des Bœufs; l'enveloppe, en se dégonflant, s'étendit sur le gazon, sa partie supérieure seulement portant sur les branches d'un jeune chêne (FAUJAS DE SAINT-FOND, *op. cit.*, p. 43).

(5) *Ibid.*

(6) « Nous avons cru devoir nous occuper des moyens de prévenir l'étonnement et même la terreur que l'apparition dans les airs ou la chute de cette machine

Du reste, une foule de cavaliers, parmi lesquels Pilâtre de Rozier, Faujas de Saint-Fond, le premier historiographe des

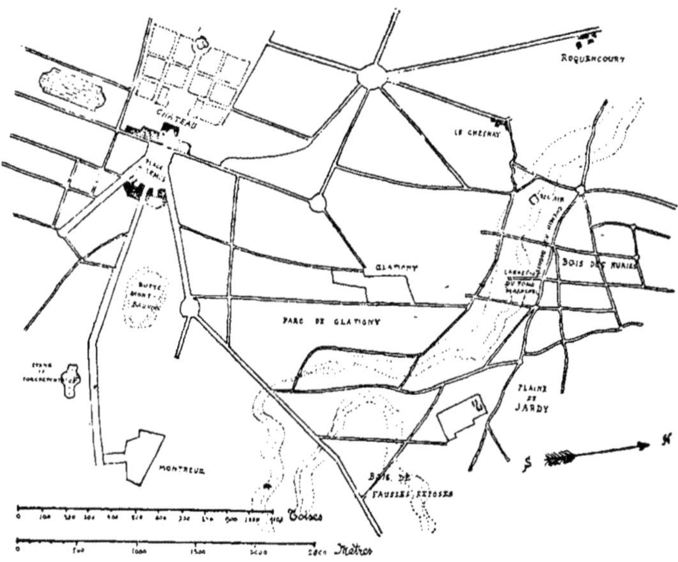

Croquis indiquant, d'après la « Carte des Chasses » (1764-1773), la position du *Carrefour du Fonds-Maréchal*.

ballons, et le chevalier de Lorimier, un de leurs premiers peintres, ne tardèrent pas à rejoindre les gardes-chasse (1). Ils trouvèrent

aérostatique pourroit produire dans les endroits plus ou moins distans de Versailles où elle auroit lieu et dans lesquels on n'auroit point connoissance de ces expériences. En conséquence, nous avons fait imprimer plusieurs milliers d'exemplaires de ce numéro pour, par tous les directeurs des Postes à qui il en est adressé un nombre proportionné à leur district, être distribué à MM. les curés des bourgs, hameaux et villages où ne parvient pas ce journal. L'Administration des Postes est entrée, par la distribution gratuite de cette feuille, dans les vues qui nous ont animés. M. le baron d'Ogny a bien voulu faire passer à tous les directeurs une lettre-circulaire que nous avons fait imprimer pour ordonner la distribution de ce numéro. Les sciences sont paisibles; il ne faut pas qu'on ait à leur reprocher d'avoir troublé le repos d'un seul citoyen. Nous nous féliciterons de cette précaution si nous sommes assez heureux pour prévenir, ne fût-ce qu'à l'égard d'un individu, les suites dangereuses et souvent mortelles d'un accès de frayeur. » (*Journal de Paris* du 13 septembre 1783). Déjà, à la suite de l'alarme causée à Gonesse par la chute du ballon du Champ de Mars, le Gouvernement avait fait, au début de septembre, répandre dans la France entière un *Avertissement au peuple sur l'enlèvement des ballons ou globes en l'air...*, dont on trouvera un fac-simile dans l'*Histoire aéronautique par les monumens...*, de Bruel, n° 32.

(1) « Je me rendis presque aussitôt sur les lieux avec M. l'abbé d'Espagnac, M. le chevalier de Lorimier, M. Brongniart, etc.; M. Pilâtre de Rozier nous précédoit de quelques pas. » (Faujas de Saint-Fond, *op. cit.*, pp. 42-43).

la montgolfière étendue sur la pelouse et les animaux en bon état : le mouton broutait tranquillement dans sa cage; seul, le coq avait l'aile droite un peu écorchée, mais on put établir que cet accident n'était nullement dû à un atterrissage trop violent, mais à un coup de pied donné par le mouton, une demi-heure avant le départ (1).

A Versailles, chacun s'empressait à fêter l'heureux inventeur et se disputait le plaisir de l'avoir pour hôte. Successivement prié à dîner par le marquis de Cubières, le contrôleur général d'Ormesson et le maréchal de Castries, secrétaire d'État à la Marine, Montgolfier dut se dégager de la première invitation et décliner la troisième (2). Chez M. d'Ormesson, où se trouvaient également les académiciens (3), l'on ne parla que du ballon, les derniers détails sur son atterrissage étant arrivés pendant le repas.

Après le dîner, Montgolfier se met en quête du maréchal de Duras pour lui rendre compte des résultats de l'expérience et le trouve chez Mme d'Ossun (4). « Je fus introduit, raconte-t-il à sa femme, dans un joli appartement sous les combles; dans la seconde pièce, éclairée d'un agréable demi-jour, régnait un

(1) Faujas de Saint-Fond s'élève vivement (*ibid.*, pp. 43-44) contre les erreurs colportées à ce sujet dans la presse et qui auraient tendu à faire croire que l'atterrissage pouvait présenter des dangers; en dehors du témoignage de Montgolfier lui-même dans ses lettres à sa femme et à Lalande, on peut encore citer celui de Rivarol qui, bien que prévenu contre l'invention nouvelle, constate « qu'il n'y a rien à craindre pour celui qui les accompagneroit (*les machines aérostatiques*); car ce n'est point une chute qu'a fait ce globe, mais une véritable descente, et on auroit pu recevoir sans danger cette masse énorme sur les mains ». (*Lettre à M. le Président de *** sur le globe airostatique...*, pp. 16-17).

(2) Montgolfier lui-même nous donne de longs détails sur la fin de cette glorieuse journée dans la lettre à sa femme publiée par Rostaing, *op. cit.*, pp. 271 sqq. C'est de cette lettre que nous donnons plus loin de copieux extraits.

(3) « M. d'Ormesson... eut ce jour-là chez lui M. de Montgolfier et la plupart des membres de l'Académie des Sciences. » (Faujas de Saint-Fond, *op. cit.*, p. 39, n. 1).

(4) Geneviève de Gramont, comtesse d'Ossun, dame d'atours de la Reine, venait de succéder dans la faveur de Marie-Antoinette à la duchesse de Polignac. M. P. de Nolhac en a tracé le plus sympathique portrait dans *la Reine Marie-Antoinette*, pp. 128-129. L'appartement où Mme d'Ossun avait, en avril 1783, remplacé Mme de Polignac se trouvait au premier étage de la vieille aile, entre la cour d'Honneur et la cour des Princes, par conséquent tout près des appartements de la Reine. On trouvera à ce sujet toutes les précisions désirables, illustrées par un plan contemporain, dans *le Château de Versailles au temps de Marie-Antoinette, 1770-1789*, de M. de Nolhac [extr. du t. XVI des *Mémoires de la Société des Sciences morales... de Seine-et-Oise*, t. XVI; Versailles (impr. Aubert), 1889; in-8°], pp. 52-65.

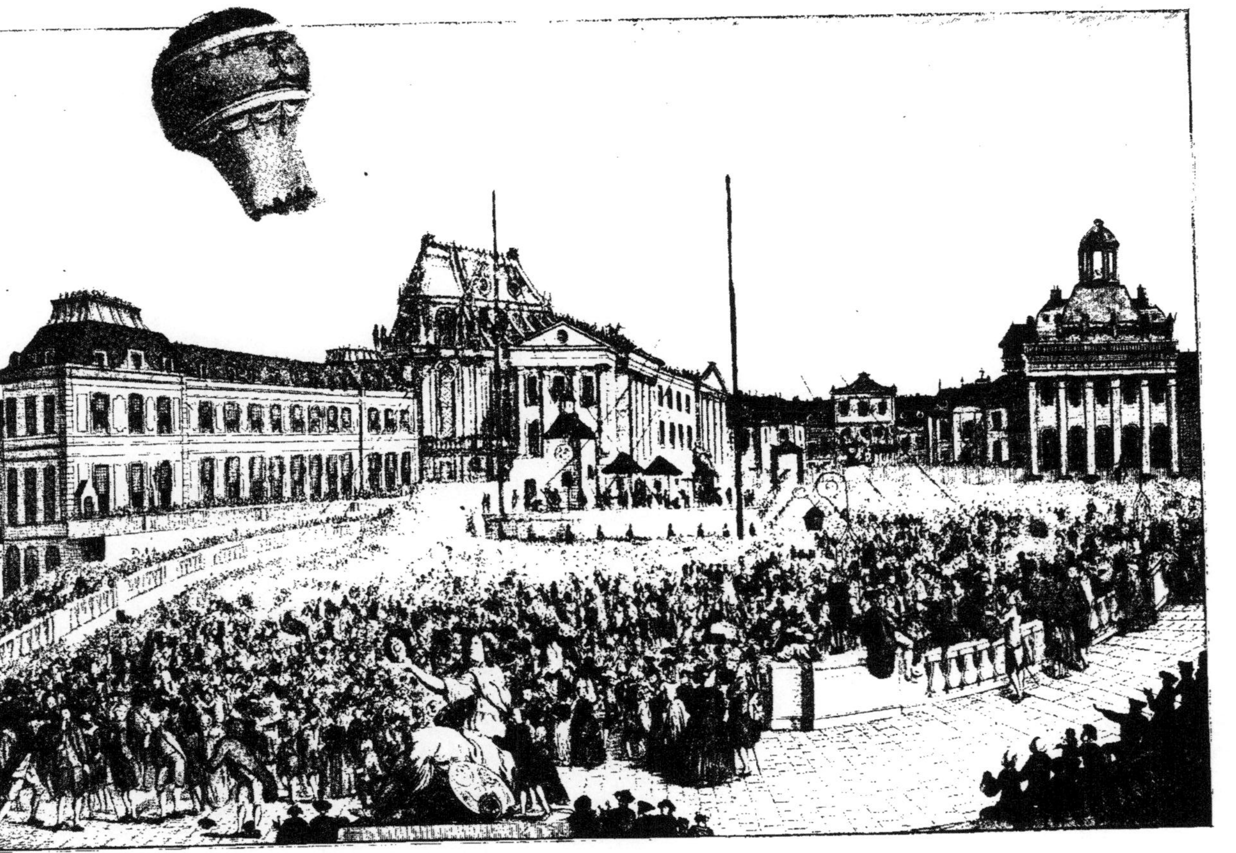

La Montgolfière du 19 septembre 1783 (*vue d'optique coloriée*).

agréable cordon de vingt à trente dames qui pourrait servir de modèle aux peintres qui ont à représenter l'assemblée de l'Olympe. On y exécutait la répétition d'un nouvel opéra de Sacchini (1). Mme d'Ossun me dit les choses les plus flatteuses, me fit asseoir pour entendre la musique, etc. Après y avoir resté demi-heure, je sors, on veut me retenir; j'allègue que M. le marquis de Duras m'a demandé le précis de l'état de la machine pour le mettre sous les yeux du Roi et que je vais le faire. On m'engage à revenir et on donne des ordres pour que la porte me soit ouverte. »

En quittant l'appartement de Mme d'Ossun, Montgolfier se rendit sans perdre de temps chez le marquis de Cubières (2), où il était attendu avec une flatteuse impatience et où l'accueil le plus aimable lui fut réservé (3). Il ne put cependant pas s'y attarder, pressé qu'il était de rejoindre ses amis aux Menus, où il leur avait donné rendez-vous. Mais les courses sont longues à Versailles, et Montgolfier connaissait mal la ville; il s'égara en chemin et mit plus de trois quarts d'heure à retrouver la compagnie. Là, nouvelle surprise : « J'arrive enfin, excédé de fatigue », écrit-il à sa femme; « et : *Vite, retournez au Château, où la Reine vous demande*. Je prends M. Argand sous le bras et nous nous acheminons. J'arrive chez Mme d'Ossun. *D'où sortez-vous donc?* me dit le maréchal; *je vous ai fait chercher; vous faites attendre la Reine : elle est déjà sortie deux ou trois fois pour vous parler*. J'entre dans la première pièce, où Mme d'Ossun me fait aussi d'agréables reproches sur ce que je ne me suis point rendu à son invitation de revenir. La Reine sort; je lui rends compte de la machine, lui lis le précis fait pour le Roi, lui fais part de mes projets ultérieurs tant sur cette machine que sur d'autres; elle m'écoute avec bonté.

« Le Maréchal, en sortant de chez la Reine, m'a demandé si

(1) Il s'agit certainement de l'opéra de *Chimène* qui fut représenté pour la première fois à Fontainebleau, devant Leurs Majestés, au mois de novembre 1783, et parut sur la scène de l'Académie de musique le 9 février suivant.

(2) M. de Cubières avait son hôtel, dont les jardins étaient justement célèbres, au n° 31 de la rue de Maurepas (cf. P. FROMAGEOT, *op. cit.*).

(3) « Voici, me dit-il (*M. de Cubières*), un monsieur qui a fait sur votre machine un livre, un poème composé d'un chant, d'une feuille, d'un vers qui est :
« De ce globe l'auteur n'est pourtant qu'un mortel. »
Peut-être ce poète était-il le fameux chevalier de Cubières, connu sous le nom de Dorat-Cubières. C'était le frère du marquis.

j'étais content de son accueil; vous jugez tous ma réponse. Nous rejoignons, Argand et moi, notre compagnie, ne nous sentant plus de lassitude, car, je te l'avoue, malgré la philosophie qui peut faire apprécier les choses à leur valeur intrinsèque, je n'ai pas été insensible aux agréments de cette journée et ai oublié le travail, la peine et l'inquiétude qu'elle m'a coûtés. »

Montgolfier ne fut pas seul à l'honneur : le ballon raccommodé et agrandi devait bientôt servir à une expérience illustre, celle du 21 novembre 1783, où l'on vit pour la première fois deux hommes s'élever librement dans l'air (1). Quant au mouton, le Roi, raconte le duc de Croy, le fit mettre à la Ménagerie « pour conserver le premier animal qui a ouvert la route des airs (2) ». Il eut même l'honneur, partagé avec ses deux compagnons de route, d'inspirer mille chansons (3) et un curieux petit dialogue,

(1) Lettre de Montgolfier à Lalande.

(2) Duc DE CROY, *Journal inédit...*, t. IV, p. 308. Le poème héroï-comique d'ARNAUD DE SAINT-MAURICE, cité à la note suivante, confirme le fait (pp. 42-43) :

La main qui sut briser les fers de l'Amérique
. . . .
Fit assurer la vie à ce pauvre animal.

(3) On trouvera quelques-unes des chansons sur les premières expériences aérostatiques dans *l'Amour dans le globe ou l'Almanach volant, composé de petites pièces fugitives, légères ou galantes...* [Paris (Jubert), s. d. (1784); in-16], dans Hélène JACOBIUS, *Luftschiff und Pegasus...* [Halle (Niemeyer), 1909, in-8°] et dans *le Chansonnier historique*, éd. RAUNIÉ, t. X. Le ton de ces chansons est d'ordinaire fort médiocre; on en jugera par cet exemple, tiré de l'*Ariette sur la nouvelle sphère aérostatique ou le globe volant lancé à Versailles le 19 septembre 1783* (dans : *l'Amour dans le globe...*, p. 52) :

Tout Paris court, se dérobe
Au devoir le plus urgent,
Pour voir ses Rois et le globe, } (*bis*).
Le nouveau globe volant. }

Les poètes, aussi féconds que les chansonniers, ne sont guère plus heureux, mais le mode est différent :

Montgolfier, ton pouvoir étonneroit Armide!
Dans Versailles, je vois monter ta pyramide :
Quel volume!... Quel poids!... Quel vol majestueux!...
La Cour, les spectateurs admirent en silence;
Ta vaste intelligence
Ose disputer l'air aux vents impétueux.

[G.-H. LE ROY, *le Globe Montgolfier* (Paris, chez l'auteur, 1783; 8 p. in-8°), p. 5; publ. dans le *Journal Encyclopédique...* du 15 janvier 1784, pp. 290-293]. *L'Observatoire volant et le triomphe héroïque de la navigation aérienne et des vésicatoires amusants et célestes*, poème en quatre chants, d'ARNAUD DE SAINT-MAURICE (Paris, chez Cussac et Samson, 1784; 64 p. in-8°), dont nous devons la communication à l'obligeance de M. Ch. Dollfus, est une production aussi burlesque et folle que son titre le peut laisser supposer, mais on trouve au chant IV, pp. 39-43, un assez long développement sur l'ascension de Versailles et, d'autre part, l'historien des ballons recueillera quelques intéressants détails dans les notes qui terminent cet opuscule.

aujourd'hui des plus rares, où, d'un ton assez plaisant, les trois aéronautes malgré eux philosophent sur leur aventure (1).

Si ces petites pièces de circonstance furent nombreuses, c'est surtout une autre sorte de documents qui nous prouve l'intérêt pris par le public à l'expérience de Versailles : la liste des gravures qui la représentent est fort longue et variée (2). Certaines sont justement célèbres, telle la belle estampe de Launay le jeune, d'après la sépia d'un témoin oculaire, le chevalier de

Nous citerons encore un ouvrage fort curieux et fort rare : l'*Aerostiade ossia il Mongolfiero, poema* di V. L. C. (Milan, chez Agnello Nobile, 1803; 2 vol. in-16). C'est un étonnant poème en vingt chants, consacré à la gloire de la navigation aérienne et aux premières ascensions aérostatiques, jusqu'à la traversée de la Manche en ballon par Blanchard. Les quatre-vingt-dix-huit strophes du chant VIIe (t. Ier, pp. 158-191) sont consacrées aux expériences de Montgolfier en septembre 1783.

(1) *Le Mouton, le Canard et le Coq, fable dialoguée,* par M. C*** (Bruxelles; et à Paris, chez Hardouin, 1783; 32 p. in-8°). Il en existe une réimpression, plus rare encore, sous le titre : *Dialogue entre le mouton, le canard et le coq qui, les premiers, ont voyagé dans le globe aérostatique de M. de Montgolfier* (Amsterdam, J.-V. Crajenschot, s. d.; 24 p. in-8°).

En voici un extrait, pour donner le ton de ce morceau :

Le Mouton : ... Je crains tout de ces hommes, pires pour nous que des loups. Je doute fort que ce soit pour notre bien qu'ils nous fassent faire ce voyage.

Le Coq : Vous ne savez donc pas qu'il s'agit pour eux de la plus grande, de la plus noble, de la plus audacieuse entreprise qu'on puisse tenter, celle de voguer dans les airs?

Le Canard : Eh bien! que ne le tentoient-ils eux-mêmes?

Le C. : C'est qu'ils ont voulu d'abord envoyer quelqu'un à la découverte pour sonder un peu le gué.

Le M. : Fort bien. Ils n'ont pas osé s'exposer eux-mêmes au danger. Ah! les poltrons! Faut-il qu'un mouton soit dans le cas de leur faire ce reproche?

(*Le Mouton, le Canard et le Coq*, pp. 4-5). — Un peu plus loin, le Coq proclame : « On reprochait aux habitants de cette contrée de n'avoir rien inventé. Eh bien! la plus magnifique des inventions sera due à un Français. Je m'enorgueillis de cet honneur, moi, né parmi eux; moi qui réveille les sçavants; moi, l'oiseau de la France, et je vais entonner mon chant éclatant pour annoncer sa gloire à tout l'univers ». On croirait entendre Chantecler! D'autres extraits ont été publiés par Gaston Tissandier, dans ses *Curiosités aérostatiques...* (extr. du *Bulletin des Beaux-Arts*; Paris, Fabré, 1886; in-4°), p. 8, et par Hélène Jacobius, *op. cit.*, p. 10. On peut lire dans ce dernier ouvrage, à la p. 59, une assez curieuse épigramme due à la plume anonyme d'un poète allemand, qui raille la manie d'imitation si commune à ses compatriotes au XVIIIe siècle :

Die Luftreise des Schœpsen von Versailles, 1783.

Dort, wo durch Herrscherdruck im Staub sich Menschen schmiegen,
Læsst eurer Dünste Kraft in Lüften Schœpse fliegen;
Bald fliegt nach altem Brauch und mit gewohnter Schmach
Den Schœpsen Galliens der Affe Deutschlands nach.

(*L'ascension du mouton de Versailles, 1783 :* En ce lieu où la puissance du Prince courbe chacun dans la poussière, — La force produite par votre vapeur fait voler des moutons dans les airs; — Bientôt on verra, selon l'ancienne mode et la vile coutume, — Le singe allemand suivre au vol le mouton gaulois).

(2) M. Ch. Dollfus prépare une *Iconographie de l'aérostation française de 1783 à la Révolution*; en attendant la publication de ce travail définitif, le lecteur pourra

Lorimier, qui a laissé des premières expériences aérostatiques des images fidèles et pleines d'esprit (1). Mais ce sont d'autres gravures qui, sans présenter le même intérêt, ni pour l'amateur ni pour l'historien, ont contribué le plus à répandre dans l'Europe entière l'image de l'étonnant spectacle dont Versailles seul avait joui : on n'ignore pas la vogue de ces estampes populaires et surtout de ces vues d'optique que l'on vendait dans les foires, jusqu'en Allemagne, en Angleterre ou en Hollande, comme le prouvent les légendes souvent écrites en plusieurs langues (2). Le grand nombre et la variété des gravures de ce genre, inspirées par l'ascension de Versailles, montrent bien à quel point les récits donnés par les gazettes avaient su piquer la curiosité du public (3).

Une polémique assez vive prolongea quelque temps les échos de l'expérience du 19 septembre. Tout Paris, en effet, intervint dans la querelle qui s'éleva entre partisans du physicien Charles et partisans de Montgolfier (4) : les premiers prétendaient que le

trouver des listes fragmentaires des gravures se rapportant aux ascensions de Versailles dans les ouvrages suivants : Fr.-L. Bruel, *Histoire aéronautique par les monumens...*, passim ; Id., *Bibliothèque Nationale, département des Estampes. Un siècle d'histoire de France par l'estampe, 1770-1871. Collection de Vinck. Inventaire analytique*, t. Ier (Paris, Impr. Nationale, 1909), pp. 420-424 et pp. 455-457 ; Liebmann et Wahl, *op. cit.*, pp. 70-74, nos 191 à 200, et p. 103, nos 281-283 ; Tissandier, *Curiosités aérostatiques...*, pp. 2-3 et 5.

(1) La sépia originale, conservée au Musée Carnavalet, a été reproduite en fac-simile dans l'*Histoire aéronautique par les monumens...*, de Bruel, no 36. La belle estampe de Launay, gravée pour la *Description des expériences... de Montgolfier*, de Faujas de Saint-Fond, sert de frontispice au t. II de l'*Histoire de Versailles...* de Le Roi. C'est pourquoi nous n'avons pas jugé utile d'en donner ici la reproduction. — Pour l'explication des planches qui illustrent cet ouvrage, le lecteur est prié de se reporter à la « Description des gravures », pp. 63 et suivantes.

(2) La gravure de notre planche II appartient à cette catégorie, mais la petitesse du cliché n'a pas permis de reproduire la double inscription, française et allemande.

(3) En dehors des gravures, de nombreux objets d'art ou de curiosité nous ont laissé le souvenir de l'expérience du 19 septembre ; dans la seule collection Tissandier, se trouvent plusieurs miniatures, dont une de Van Blarenberghe et une de Savignac (cf. G. Tissandier, *Curiosités aérostatiques...*, pp. 38-39, nos 2, 8, 9 et 16), deux très belles bonbonnières (*Ibid.*, pp. 41-42, nos 2 et 10), dont on trouvera la reproduction dans le *Rapport du Comité d'installation du Musée rétrospectif de la classe 34, Aérostation, à l'Exposition universelle... de 1900* (Paris, s. d. ; in-4o), pp. 30 et 38, h. t., ainsi qu'une montre de fer ciselé et damasquiné (reproduite *ibid.*, p. 28) et un éventail à monture d'ivoire (G. Tissandier, *Curiosités aérostatiques...*, p. 47, no 9), etc., etc. Enfin, M. le général Hirschauer possède un plat d'étain gravé, dont on trouvera reproduit plus loin un calque.

(4) « La jalousie augmente entre les deux partis des Montgolfier et des Charles et Robert », lit-on dans les *Mémoires secrets...* de Bachaumont, à la date du 24 septembre

ballon du Champ de Mars avait été plus haut et plus loin que celui de Versailles; les autres répliquaient que le gonflement à l'air chaud était le seul vraiment pratique, vu le prix très élevé de la fabrication de l'hydrogène (1). Les discussions reprirent plus vives encore entre les tenants des différents systèmes, à la suite des deux premiers voyages aériens accomplis presque coup sur coup, l'un, le 21 novembre 1783, par Pilâtre de Rozier et le marquis d'Arlandes dans une montgolfière, l'autre, le 1er décembre suivant, par Charles et Robert le jeune dans un aérostat gonflé à l'hydrogène. Mais, par contre-coup, ces grands événements de l'histoire des ballons, qui semblaient marquer la victoire définitive de l'homme sur le quatrième élément, rejetèrent dans l'ombre tous les essais antérieurs et, peu à peu, l'expérience de Versailles fut oubliée.

(t. XXIII, p. 199). « Il est certain que la machine des derniers (*le ballon du Champ de Mars*) s'est élevée beaucoup plus promptement et plus haut, qu'elle est restée plus longtemps en l'air et qu'elle est tombée plus loin, en un mot, que leur expérience a beaucoup mieux réussi; en conséquence, on appelle l'un *le globe terrestre* et l'autre *le globe céleste* ». A ces reproches répondit une longue lettre publiée dans le *Journal de Paris* du 25. FAUJAS DE SAINT-FOND, *op. cit.*, pp. 47-48, prend également à partie, sur un ton assez vif, les « deux ou trois individus obscurs qui furent corrigés par le ridicule qu'ils s'étaient si justement attiré » par leurs envieuses attaques.

(1) La préparation de l'expérience du Champ de Mars avait été extrêmement longue et coûteuse; pour l'ascension de Versailles, au contraire, « quarante sols de ces matières combustibles (*de la paille humide et une substance animale*) et dix minutes de temps ont fourni les 42,000 pieds cubes nécessaires de gaz, et on ne se seroit pas procuré pareil volume d'air inflammable, à moins peut-être de huit ou dix mille francs; sans compter que huit ou dix jours auroient à peine suffi pour l'obtenir, en sorte que ç'auroit été une de ces expériences qu'on fait une fois et que sûrement on ne répète pas ». (Lettre publiée au numéro du 25 septembre du *Journal de Paris*).

II

La Montgolfière « Marie-Antoinette » et l'ascension du 23 juin 1784.

L'année 1784 fut, dans l'histoire de l'aérostation, l'époque des grandes espérances et celle aussi des grandes déceptions. De toutes parts, les voyages aériens se multipliaient; l'air semblait sur le point d'être définitivement maîtrisé. Mais l'illusion dura peu : annoncées à grand bruit, l'expérience de Blanchard au Champ de Mars, celle de Miollan et Janinet au Luxembourg, celles de Guyton de Morveau à Dijon ne donnèrent nullement les brillants résultats attendus, et le public, condamnant la science nouvelle aussi légèrement qu'il s'en était engoué, tourna sa mobile attention vers d'autres objets.

Plusieurs inventeurs, pourtant, ne désespéraient pas de résoudre le problème de la navigation aérienne, ou du moins d'en avancer la solution d'un grand pas, et continuaient en secret leurs recherches. Les princes et le gouvernement, du reste, patronnaient ces travaux, les favorisaient de leurs subsides; tandis que le duc de Chartres faisait construire à Saint-Cloud le ballon dirigeable des frères Robert, si remarquable à tant d'égards (1), et prenait part à son premier voyage, le Roi s'intéressait à un projet que Montgolfier lui-même lui avait présenté (2).

(1) L'histoire du ballon de Saint-Cloud (juin 1784) mériterait d'être reprise; le futur Philippe-Égalité y apparait au premier plan et sous des traits moins détestables qu'à son ordinaire. Les frères Robert, qui avaient collaboré aux expériences aéronautiques du physicien Charles, appliquèrent dans la construction de leur nouveau ballon les célèbres principes de Meusnier et firent ainsi la première tentative vraiment scientifique de direction aérienne; sous leur habile conduite, le même aérostat fit, en septembre suivant, un voyage d'une longueur remarquable pour l'époque, des Tuileries à Beuvry, près de Béthune.

(2) Pour les ouvrages généraux et les gazettes à consulter sur la deuxième ascension de Versailles, le lecteur pourra se reporter à la longue bibliographie donnée au

La mention de ce ballon, destiné à traverser la Manche et à porter dans l'Angleterre jalouse (1) la gloire d'une invention toute française, apparaît souvent dans les documents, mais tou-

précédent chapitre. Il s'en faut bien que l'expérience du 23 juin 1784 ait inspiré un aussi grand nombre d'auteurs ou de chroniqueurs que celle du 19 septembre 1783. La source principale, que permettent de contrôler les journaux du temps, la *Correspondance* de **Grimm**, etc., est le récit donné par **Pilatre de Rozier** lui-même, sous forme d'une lettre à l'académicien Le Roi et sous le titre : *Première expérience de la montgolfière construite par ordre du Roi, lancée en présence de Leurs Majestés, de la famille Royale et de Monsieur le comte d'Haga, ... le 23 juin 1774* (*sic*) [Paris (Impr. de Monsieur), 1784; 20 p. in-4°]. Cette lettre à Le Roi, dont il existe une seconde édition, augmentée d'une note à la p. 20, a été publiée dans le *Mercure de France* du 25 juillet 1784; on la trouvera également reproduite *in extenso* dans l'article d'E.-A. **Bégin** sur « Pilâtre de Rozier et les Aérostats », dans ses *Esquisses biographiques et litteraires* [Metz (Dembour et Gangel), s. d.; in-8°; extr. de la *Revue d'Austrasie*]. Outre ce document essentiel, on peut consulter les biographies contemporaines de la mort de l'aéronaute, comme l'éloge de Pilâtre de Rozier prononcé, le 24 août 1785, par Rœderer, dans la séance publique de l'Academie de Metz (publié par **Bégin**, *op. cit.*, pp. 85 à 92), et, surtout, les mémoires scientifiques de Pilâtre que **Tournon de la Chapelle** donna, en les faisant précéder d'une intéressante vie de leur auteur, sous le titre de : *La Vie et les Mémoires de Pilâtre de Roziers, écrits par lui-même et publiés par M. T...* [Paris (chez l'éditeur), 1786; in-8°]. La *Première suite de la Description des Experiences aérostatiques de MM. de Montgolfier...*, par **Faujas de Saint-Fond**, ouvrage capital, fut malheureusement publié peu de temps avant l'ascension du 19 juin et ne donne de détails que sur les expériences préliminaires faites par Pilâtre. Dans les temps modernes, en dehors des histoires générales de l'aérostation dont les références ont été données plus haut, plusieurs auteurs se sont occupés spécialement du sujet qui nous intéresse. L'article d'Aimé **de Soland** qui a pour titre : *Une Ascension aerostatique en 1784 : Joseph Proust et Pilastre des Roziers* (dans le *Bulletin historique et monumental de l'Anjou*, ann. 1867-1868, pp. 49-52), donne un court résumé, d'après les *Affiches d'Angers*, de l'expérience du « 13 (*sic*) juin à Paris (*sic*) », mais est surtout consacré à la biographie de Louis-Joseph Proust. A l'occasion du centenaire de la mort de Pilâtre, E.-J. **Caudevelle** a publié au tome IV du *Bulletin de la Société académique de Boulogne-sur-Mer*, pp. 128-129, une note *Sur un etat des avances faites à Pilâtre de Rosier par ordre du Contrôleur général en 1784* et reproduit cet important document. La montgolfière lancée à Versailles, le 23 juin 1784, étant, comme on le verra plus loin, descendue dans la forêt de Chantilly, les historiens de la maison de Condé n'ont pas manqué de relever ce piquant épisode; parmi les plus récents, on peut citer le général **de Piépape**, *Histoire des princes de Condé au XVIIIe siècle* [Paris (Plon-Nourrit), 1913; in-8°], p. 82; Gustave **Macon**, *Chantilly et le Musée Condé* [Paris (Laurens), 1910; in-8°], p. 184; ce dernier auteur s'est, en outre, fort étendu sur l'atterrissage de Pilâtre de Rozier dans son *Historique du domaine forestier de Chantilly*, t. II : *Forêts de Coye, Luzarches, Chaumontel et Bonés* [Senlis (impr. Eug. Dufresne), 1906; in-8°; cartes hors texte], et donne de précieux renseignements sur les témoins de l'événement. Enfin, A. **Geffroy**, dans son livre sur *Gustave III et la Cour de France* [Paris (Didier), 1867; 2 vol. in-12], t. II, pp. 33-34, mentionne avec quelque détail l'ascension faite en présence du roi de Suède.

(1) Les journaux du temps sont pleins de ce projet dont Pilâtre devait être, un an plus tard, la glorieuse victime, et insistent sur le dépit que l'Angleterre en ressentait; dépit fort réel et dont on trouve l'écho dans la « décision du Roi » du 4 janvier 1784 (Cf. *pièce justificative n° 2*), accordant à Montgolfier les fonds nécessaires à la construction de sa machine.

jours d'une façon fort brève et qui ne permet pas de deviner les moyens de direction imaginés par Montgolfier. Tout ce que l'on sait de l'histoire du nouvel aérostat est, en définitive, fort peu de chose : le 4 janvier 1784, Étienne Montgolfier se voit, pour cet objet, assigner sur le Trésor royal une somme de 8,000 livres (1) qui lui est comptée quinze jours après. Le travail, activement poussé dans les ateliers de Réveillon (2), est fort avancé dès la fin de février (3), tant Montgolfier montre de hâte à procéder aux expériences qui lui sont demandées : d'esprit beaucoup plus positif que son frère Joseph, il ne laisse pas de regretter l'état d'abandon où la papeterie d'Annonay se trouve depuis

(1) *Pièce justificative n° 2.* En même temps, le Roi attribuait à Joseph de Montgolfier une pension de 1,000 livres à laquelle Pilâtre de Rozier venait de renoncer, la jugeant insuffisante. — Étienne de Montgolfier ne s'engagea pas sans hésitation à construire le nouvel aérostat commandé par le Roi et se plaignit vivement à ses intimes de la lésinerie des ministres : « Je vais m'occuper, écrit-il le 7 janvier à son frère Jean-Pierre, de la machine que demande le Gouvernement, sur laquelle il convient de garder le *tacet.* C'est à regret que je fais cette nouvelle corvée, qui me retient encore ici ; mais on me fait espérer qu'elle nous sera utile » (dans L. Rostaing, *la Famille de Montgolfier*, p. 282) ; le 9, il dit encore à son père : « Je me vois obligé de faire exécuter la nouvelle machine que demande le Gouvernement avant de se décider à faire un établissement solide. Il n'aurait peut-être pas été si circonspect si les finances eussent été en meilleur état et si quelques petites circonstances d'intrigues sourdes n'eussent fait différer. » (*Ibid.*, p. 283). Dans une lettre, du 19, à son frère l'abbé Alexandre-Charles, Étienne de Montgolfier est plus net encore : « Je crois qu'il ne faut point se livrer à l'enthousiasme. Contents de l'avoir excité, tenons-nous-en au solide. Si je n'espérais que cette nouvelle machine, faite dans les vues des ministres, peut nous procurer un dédommagement, je ne l'aurais pas entreprise, et la vraie raison de l'obtenir ne sera pas la bonté de la chose, mais de s'être empressé de remplir leurs idées. » (*Ibid.*, p. 284). Ces difficultés n'ébranlent pas, du reste, la foi d'Étienne de Montgolfier dans son invention, et il ajoute dans sa lettre du 9 : « L'expérience a si bien convaincu de la vérité de la thèse et prouvé que cette nouvelle allure, malgré le peu d'usage qu'on en a, est moins dangereuse que celle par eau, que les plus incrédules dans le commencement, et les dames même, demandent à s'embarquer. » (*Ibid.*, p. 283).

(2) « Je suis chez M. Réveillon, écrit Montgolfier à l'abbé Alexandre-Charles, le 19 janvier, et fais travailler à une machine du port de cinq à six milliers [*de livres*]. M. Réveillon voudrait que j'en fis deux : une en toile et une en peau, pour avoir une ressource en cas d'accident. Cette vue est fort bonne, mais les huit mille livres, que l'on me compta hier au Trésor Royal, n'étant pas suffisantes pour deux, je suis déterminé à ne plus rien mettre du mien dans ces constructions. » (*Ibid.*, p. 283).

(3) « Je presse la construction de ma machine, écrit Étienne de Montgolfier au même, le 26 février. J'espère que, dans la semaine prochaine, elle pourra être terminée. Alors, je me hâterai de faire mes expériences et d'en rendre compte au Ministre, pour qu'il prenne un parti ultérieur, d'après quoi, s'il n'est pas conforme à ce qu'on devrait espérer, je prendrai le mien ; et, las d'être ballotté d'espérances en espérances, je viendrai reprendre la fabrication et tâcher de m'y dédommager, par l'assiduité et l'attention, du temps perdu et des affaires arriérées. Adieu, mon cher abbé. Il me tarde beaucoup de me trouver réuni à vous tous. Je vais me confiner, pour la semaine entière, chez M. Réveillon pour tout presser. » (*Ibid.*, p. 284).

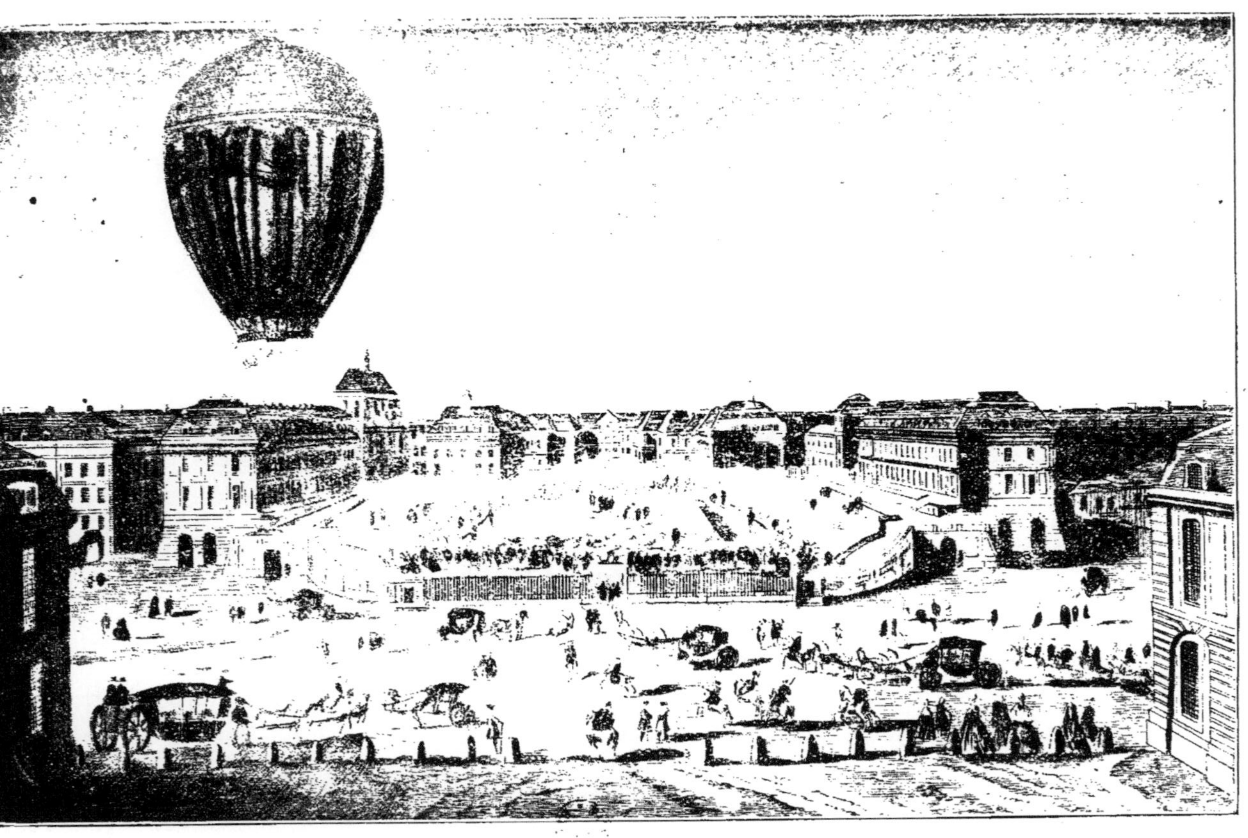

Vue d'optique représentant la montgolfière *Marie-Antoinette* (23 juin 1784).

près d'un an et il ne juge point devoir tout sacrifier à une vaine gloire (1). Toutes ses lettres à sa famille mentionnent ses démarches pour obtenir du gouvernement des subsides que le mauvais état des finances ne permet pas de lui accorder (2); sans cesse y reviennent l'expression de son désenchantement et son vif désir de quitter Paris. De fait, le ballon ayant été achevé dans le courant d'avril, Étienne Montgolfier, dès le mois suivant, semble-t-il, regagne Annonay (3).

Avant son départ, l'inventeur n'avait pas manqué d'éprouver la force de sa machine; deux ou trois fois par semaine, pendant un mois, les ascensions captives se répétèrent sous sa direction

(1) Voy. en particulier les lettres du 19 janvier et du 26 février citées ci-dessus.

(2) Les amis de Montgolfier n'en cachaient pas leur mécontentement; il se fait jour dans une curieuse lettre inédite (que nous devons de connaître à M. Charles Dollfus) adressée de Moutclément, le 20 avril, par le comte d'Antraigues, à la fameuse Saint-Huberty, qu'il devait plus tard épouser : « ... Je vous dirai que notre illustre ami n'a pas perdu son temps dans la solitude. Il a travaillé à trouver des moiens de direction et, vous qui connaissez cet homme modeste, vous l'en croirez quand il vous dira, comme il me l'a dit, qu'il était sûr de se diriger et de rendre utile (*sic*) au commerce les aérostats, dont les jongleurs du païs où vous êtes n'ont fait qu'un objet d'amusement. » (Le comte d'Antraigues semble ici viser directement Blanchard, dont les adversaires raillaient les prétentions scientifiques.) « La plus sçavante théorie et quelques expériences en petit, continue d'Antraigues, prouvent la vérité de sa découverte, mais il faut exécuter en grand et donner la sanction de l'expérience au travail du cabinet. Ce qui vous indignera, mais ne vous paraîtra pas incroiable, c'est que ce grand homme annonçant ses succès à l'administration et demandant des secours pour exécuter une nouvelle machine, ces secours lui ont été refusés au même moment qu'ils sont prodigués à des fripons de toute espèce. Montgolfier a pris un parti digne de lui. Assuré que sa découverte ne peut mourir dans la mémoire des hommes et que, si l'administration de ce siècle la dédaigne, elle renaîtra dans le siècle suivant, il est résolu à publier un mémoire, au nom de son frère et de lui, où il rendra compte de ses travaux, de l'obstacle qui l'empêche de les continuer et, après avoir laissé apercevoir ses regrets, il confiera à la postérité ses nouvelles découvertes et le soin de sa gloire. Ce mémoire, écrit avec simplicité, mais avec force, et empreint du sentiment profond et noble qui l'aura fait composer, sera le comble qui couronnera son trophée. » (Musée historique de la Ville de Paris, *Autographes de la Collection Nadar*).

(3) Le *Journal de Paris* du 29 mai annonce ainsi son départ : « M. Montgolfier part pour Annonay, où il emporte le globe de 70 pieds avec lequel il a fait des expériences depuis un mois; il les continuera dans son pays... ». Dans un appendice à la *Première suite de la Description des Expériences aérostatiques...*, p. 356, Faujas de Saint-Fond confirme le départ d'Étienne de Montgolfier et le transport à Annonay du ballon construit aux frais du gouvernement : « M. de Montgolfier vient de faire transporter cette machine à Annonay, où il se rend lui-même, afin d'y suivre avec plus de tranquillité, et conjointement avec M. son frère, des expériences qui, conduites par des mains aussi habiles, font espérer que cette découverte se perfectionnera dans la ville même où elle a pris naissance ». On verra plus loin que, peut-être, Étienne de Montgolfier ne quitta pas tout de suite Paris et qu'en tout cas, les événements l'empêchèrent de faire transporter à Annonay son aérostat.

et celle de Pilâtre de Rozier, dans les jardins de Réveillon; mais les renseignements font défaut sur ces expériences où le public n'était pas admis (1). On sait pourtant que, le jeudi 20 mai, Pilâtre emmena dans la montgolfière six passagers de distinction, dont quatre dames (2): la marquise et la comtesse de Montalembert (3),

(1) Le *Journal de Paris* du 5 mai, cité plus haut, et le *Journal Encyclopédique* du 15 juin, p. 495, font une brève allusion à ces essais; le *Journal politique de Bruxelles* (supplément du *Mercure de France*) du 5 juin, pp. 30-31, est un peu plus précis.

(2) « Ces jours derniers, rapporte le *Journal politique de Bruxelles*, cité ci-dessus, trois dames et quelques autres personnes, accompagnées de M. Pilatre du Rosier, montèrent dans la galerie : on les éleva jusqu'à deux cens pieds, le ballon étant retenu par des cordes ». Mais on a sur ce point le témoignage de Pilâtre lui-même : peu de jours après cette mémorable ascension, dans une assemblée du « Musée », association scientifique fondée par lui et qu'il présidait, Pilâtre de Rozier prononça un discours dont Faujas de Saint-Fond (*op. cit.*, pp. 354-356) nous a heureusement conservé ce passage : « Le contentement et la joie de ces dames me permirent de tenter plusieurs fois de descendre et remonter à volonté. Enfin, la tranquillité qu'elles ont conservée pendant plus d'une heure que dura cette promenade me fit regretter de ne pouvoir répondre au vœu qu'elles faisoient sans cesse de voir abandonner leur char au gré des vents, entreprise hardie pour ce sexe aimable qui n'avoit pas besoin de ce nouveau moyen pour nous convaincre qu'il n'est pas moins intéressant par son courage que par ses grâces. — Les aimables voyageuses ayant plus d'un titre pour exciter l'intérêt et l'enthousiasme des François, je me suis cru autorisé à commettre une indiscrétion qui blessera leur modestie, en publiant leur nom; mais j'ai cédé à mon amour-propre qui a été vivement flatté de leur avoir inspiré un moment de confiance. Ce sont : Mesdames la marquise de Montalembert, la comtesse de Moutalembert, la comtesse de Podenas, Mademoiselle de Lagarde. — Ces dames étoient accompagnées de M. le marquis de Montalembert et de M. Artaud de Bellevue, qui furent du même voyage ». Le souvenir de cette brillante ascension se retrouve dans un ouvrage anonyme de Luigi Garribo, intitulé : *Cenni storici sull' Aeronautica*... [Florence (Birindelli), 1838; in-12], pp. 29-30; d'après cet auteur qui, malheureusement, n'indique pas sa source, M. de Malesherbes aurait pris part au voyage : « Ai 29 detto (*maggio 1784*), Pilâtre du Rozier s'inalzò col nuovo pallone di Montgolfier à Parigi, in compagnia di tre dame e M. Malesherbes, ministro di Stato; ma, raggiunta la poca altezza di circa 200 piedi, discese per compiacere alle dame che già s'erano trovate male. » (Communication de M. Ch. Dollfus).

(3) Le marquis de Montalembert que mentionne Pilâtre de Rozier au nombre de ses passagers est le célèbre général Marc-René de Montalembert (1714-1800), qui, après s'être distingué dans les guerres de Louis XV et avoir, pendant la guerre de Sept ans, dirigé les opérations de l'armée russe, avait vu sa carrière militaire arrêtée à la suite des discussions ouvertes par ses théories sur *la Fortification perpendiculaire ou l'Art défensif supérieur à l'offensif* (11 vol. in-4° publiés de 1776 à 1796); il donna en outre, en 1780, sa *Correspondance diplomatique et militaire pendant la guerre de Sept ans*; dans sa vieillesse, la poésie légère et le théâtre lyrique le tentèrent. Quand il mourut en 1800, il était le doyen des officiers généraux et des membres de l'Académie des Sciences, où il avait été appelé comme associé libre en 1747. En 1770, il s'était uni à Marie de Commarieu, alors âgée de vingt ans; cette femme très distinguée (dont il devait divorcer sous la Révolution pour épouser une sœur du chimiste Cadet de Vaux) tenait à l'époque qui nous intéresse un salon fort renommé; elle aussi se piqua d'écrire, et l'on peut citer d'elle deux romans : *Elise Dumesnil*, paru en 1798, et *Horace*, paru en 1822; elle ne

la comtesse de Podenas (1) et Mlle de Lagarde (2), qui, pendant plus d'une heure, planèrent à environ 200 pieds au-dessus du faubourg Saint-Antoine.

Mais le moment n'était pas éloigné où le nouvel engin allait sortir du mystère dont son créateur l'avait jalousement entouré. Les circonstances devaient, à vrai dire, être bien différentes de celles que Montgolfier avait prévues et désirées.

Au cours de l'année 1784, un voyageur illustre, le roi de Suède Gustave III, qui était déjà venu visiter le royaume, revint, sous le masque commode de l'incognito, faire figure en France de « despote éclairé » ; à défaut de réceptions officielles, rien ne fut épargné pour satisfaire la curiosité du pseudo-comte de Haga. Tout le long de sa route et surtout à la Cour, ce fut une suite incessante de fêtes, de représentations sur lesquelles les journaux du temps donnent les plus brillants détails (3). Il n'est pas étonnant qu'on ait songé à offrir au monarque étranger le spectacle nouveau pour lui d'expériences aérostatiques.

S'il s'en fallut d'un jour qu'il n'assistât, en passant à Aix-en-Provence, à l'ascension mouvementée de Rambaud (31 mai 1784), du moins, le comte de Haga voulut-il en connaître les détails de

mourut qu'en 1832, à quatre-vingt-deux ans. Le frère du général marquis de Montalembert, le comte Paul de Montalembert, officier au régiment de Normandie, était mort en 1766, mais avait laissé une veuve, Jeanne Ainslie; c'est probablement elle qui accompagna son beau-frère dans la montgolfière de Pilâtre. Le fameux écrivain catholique était par son père cousin assez éloigné du général de Montalembert; en outre, son grand-père, le baron Jean-Charles de Montalembert, avait épousé Marie-Joséphine de Commarieu, sœur de Marie de Commarieu et par suite belle-sœur du général [DE COURCELLES, *Histoire généalogique et héraldique des Pairs de France, des grands dignitaires de la Couronne, des principales familles nobles du Royaume et des maisons princières de l'Europe*, t. XII (Paris, 1833; in-4°); généalogie de la maison de Montalembert, *passim*].

(1) Cette ancienne famille du Condomois était représentée en 1784 par Jean-Gabriel, comte de Podenas, maréchal de camp, mort en 1788 sans postérité, dont on ne sait s'il fut marié, et par Henri-Pierre-Jacques, vicomte de Podenas, colonel en second au régiment de Bassigny, marié le 16 décembre 1783 à Charlotte-Joséphine-Albertine de Buisseret; peut-être est-ce d'elle qu'il s'agit ici, à défaut d'une comtesse de Podenas (BOREL D'HAUTERIVE, *Annuaire de la Noblesse de France pour 1855*, pp. 173-176). — Tous les renseignements sur les Montalembert et les Podenas sont dus aux diligentes recherches du baron Estienne Hennet de Goutel, qui a bien voulu, en outre, se charger de faire pour nous de nombreuses vérifications et corrections de détail.

(2) On manque de renseignements sur cette demoiselle de Lagarde et sur le sixième passager de Pilâtre de Rozier, Artaud de Bellevue.

(3) Sur les voyages de Gustave III à la Cour de France, voy. GEFFROY, *op. cit.*, *passim*.

la bouche même de l'aéronaute et le consoler par d'aimables paroles (1); et, durant son séjour à Lyon, le 4 juin, on lui fit la galante surprise de lancer en son honneur une magnifique montgolfière, la *Gustave*, où prirent place le peintre Fleurant et une jeune et belle Lyonnaise, Mme Tible (2).

Mais surtout les physiciens de Paris brûlaient de se distinguer devant le roi de Suède (3). Les frères Robert projetaient de traverser la Manche par la voie des airs (4). Pilâtre de Rozier, renchérissant sur ses rivaux, méditait un projet plus extraordinaire encore : il songeait à construire un gigantesque ballon, présentant la forme du palais royal de Stockholm, et à en dessiner les contours à l'aide de transparents et de lampes de couleur; après avoir donné une nuit le spectacle de l'embrasement de ce palais aérien par des feux d'artifice, Pilâtre parlait de rester trois jours et trois nuits dans les airs, ce qui lui permettrait, par un vent favorable, de passer en Angleterre et même en Suède (5).

(1) « Un illustre voyageur, le comte de Haga, qui n'arriva à Aix que le lendemain de l'expérience, ... me témoigna du regret de n'avoir pu y être présent et m'assura de sa bienveillance... » [RAMBAUD, *Relation de l'expérience aérostatique faite à Aix, le 31 mai 1784, et donnée au public par l'auteur;* Aix (André Adibert), 1784; 16 p. in-8°; p. 16].

(2) Sur l'ascension de la « Gustave », voy. en particulier la *Lettre de M. le comte* DE LAURENCIN *à M. Joseph de Montgolfier, sur l'expérience aérostatique faite à Lyon le 4 juin 1784, en présence du roi de Suède* (s. l. n. d.; 32 p. in-12). On peut consulter aussi l'intéressant article de Raoul DE CAZENOVE, *Ascension du ballon* le Gustave *à Lyon, juin 1784...* (dans la *Revue Lyonnaise*, ann. 1884, t. VII, pp. 549-569; 1 pl. h. t.).

(3) Dès le 5 juin, le *Mercure de France* annonce que le nouveau ballon construit par Étienne de Montgolfier « servira aux expériences que le Roi de Suède désire voir » et ajoute que « le globe des frères Robert paroît être réservé pour le même objet »; trois semaines plus tard, on lit dans le même journal : « Les ballons sont du nombre des spectacles dont jouira M. le comte de Haga. Les frères Robert partiront de Saint-Cloud avant huit jours dans leur aérostat. La grande montgolfière est commandée pour le 22. » (Information « de Paris, le 22 juin », parue dans le *Journal politique de Bruxelles*, supplément au *Mercure de France* du 26 juin 1784).

(4) FAUJAS DE SAINT-FOND (*Première suite de la Description des Expériences aérostatiques...*, p. 356) parle du ballon des frères Robert, « avec lequel on assure qu'ils ont le projet de partir de Saint-Cloud pour se rendre à Londres... ». Une Anglaise, Mme Cradock, dont les notes de voyage offrent un vif intérêt pour l'histoire des mœurs françaises sous le règne de Louis XVI, alla avec tout Paris voir à Saint-Cloud « le ballon destiné à l'Angleterre ». [*Journal* de Mme CRADOCK, *Voyage en France* (*1783-1786*), trad. de Mme DELPHIN-BALLEYGUIER ; Paris (Perrin), 1896; in-12 ; p. 40].

(5) Pilâtre, rapporte TOURNON DE LA CHAPELLE (*op. cit.*, p. 50), « méditoit le dessein d'une expérience ingénieuse et brillante, celle de construire un aréostat (*sic*) représentant les dehors d'un superbe palais illuminé en transparens de couleurs, et par choix le palais de M. le comte de Haga. Il projetoit d'en opérer l'ascension en

Ce rêve de féerie ne reçut pas, il va sans dire, le moindre commencement d'exécution, mais Pilâtre de Rozier, qui n'était pas peu fier de son titre de « premier aéronaute », revendiqua du moins la gloire d'être chargé de faire devant le roi de Suède une ascension officielle (1) ; mettant en jeu certaines influences dont il disposait à la Cour, il obtint, puisque le temps manquait pour réaliser ses magnifiques projets, de se servir du ballon destiné aux expériences commandées par le gouvernement à Étienne Montgolfier, qui, semble-t-il, ne fut pas même consulté (2).

Pilâtre de Rozier, s'appropriant complètement l'appareil, lui fit subir les diverses modifications qu'il jugea convenables :

une belle nuit, de choisir un vent favorable et de se rendre en Suède, ou de traverser la Manche et d'arriver ainsi en Angleterre ». Le *Journal de Paris* du 19 juin 1784 donne plus de détails encore sur ce singulier projet : « Il y a deux mois, y lit-on, que le même physicien proposa un projet dont l'exécution pouvoit devenir très intéressante pour le spectacle et pour l'agrandissement des connaissances aérostatiques : il consistoit à enlever dans l'obscurité un palais de 150 pieds de face, ayant toutes les proportions de celui de M. le comte de Haga; le palais, chargé d'illuminations en transparens et en couleurs, offroit à sa base et horizontalement un superbe jeu d'artifice. M. Pilâtre de Rozier s'engageoit à monter avec le Palais et à descendre après la fin du feu d'artifice, pour remonter le lendemain et demeurer au moins trois jours et trois nuits dans l'atmosphère, et enfin parcourir dans ce laps de temps au moins 150 lieues, sauf à remorquer s'il étoit porté sur la mer; redescendu, il repartoit une troisième fois pour se rendre en Angleterre. Sa montgolfière, formée d'une enveloppe et d'un enduit nouveaux, devoit contenir un gaz tiré de la matière fécale, auquel il rendoit sa légèreté primitive ».

(1) « Jusqu'ici, dit Tournon de la Chapelle (*op. cit.*, p. 50), M. de Rozier avoit acquis de la gloire pour lui-même; dès lors, il ambitionna l'honneur de soutenir celle de la Nation : il étoit le premier aéronaute et cette gloire lui devenoit en quelque sorte personnelle ».

(2) Dans une lettre d'Étienne de Montgolfier à son ami Boissy d'Anglas, passée en vente en juin 1914 et acquise, croyons-nous, par MM. Seguin, on lit ces mots : « Le roy de Suède arrive à Paris, Pilâtre intrigue pour faire une expérience qui puisse amuser la cour et son hôte; il fait arrêter ma machine qui n'était pas encore partie... » [*Catalogue de lettres autographes et de documents historiques dont la vente aura lieu à Paris... le... 13 juin 1914* (Paris, S. Kra, 56 p. in-8°), p. 30]. D'après une lettre du comte d'Antraigues adressée de Privas, le 17 juin 1784, à la Saint-Huberty, il semble bien qu'Étienne de Montgolfier se trouvait encore à Paris lors de la seconde ascension de Versailles, mais qu'il refusa d'y assister : « On ne lui a pas encore renvoyé son ballon, dont on a voulu *avant son départ* faire l'essai devant le roi de Suède. Il n'a pas cru qu'il lui convînt de se déranger pour le sot avantage d'amuser des rois oisifs. » (*Ibid.* p. 32). Dans une autre lettre à sa maîtresse, écrite à la Bastide le 30 octobre suivant, le comte d'Antraigues, animé par son affection pour les frères de Montgolfier, se montre plus sévère encore à l'égard de Pilâtre de Rozier : « Vous avez vu l'aréostat de Montgolfier qui devait le suivre à Annonai. Le jongleur Pilâtre s'en empara pour en brûler la moitié devant le roi de Suède... » (Musée historique de la Ville de Paris, *Autographes de la Collection Nadar*; communication de M. Charles Dollfus).

il augmenta légèrement le volume de l'aérostat (1), changea la forme et le mode de suspension de la nacelle, etc. Surtout, il s'occupa de mettre la décoration en rapport avec son nouvel objet (2).

L'enveloppe, de forme générale ovoïde et de dimensions fort considérables, puisqu'elle ne mesurait pas moins de 86 pieds de haut sur 230 de circonférence à l'équateur, était constituée de trois parties. Une calotte de 40 pieds de diamètre, formée de 1,540 peaux de mouton réunies par de doubles coutures, donnait de la solidité à l'ensemble et rendait superflu l'emploi d'un filet. On se garda de couvrir d'ornements cette calotte qui offrait à l'œil la disposition régulière d'une coupole en pierres de taille.

La partie centrale était composée de 74 lés de toile de coton, ayant 24 pieds de haut et 3 pieds 3 pouces de large, et venait se rattacher à une sorte de tronc de cône qui soutenait la galerie. Pilâtre de Rozier et Réveillon surent tirer un habile parti décoratif de cette vaste surface, et l'ingéniosité des symboles qu'ils imaginèrent, le bon goût avec lequel ils les disposèrent, leur valurent d'unanimes suffrages (3). La partie inférieure faisait, en effet, le plus heureux contraste avec la nudité sévère de la

(1) Le ballon qui avait servi chez Réveillon aux ascensions du mois de mai mesurait environ 74 pieds de hauteur sur 72 de diamètre (FAUJAS DE SAINT-FOND, *Première suite de la Description des Expériences aérostatiques...*, p. 356); il fut agrandi dans la suite et reçut une forme ovoïde, comme on le voit sur les gravures contemporaines (cf. notre planche III) et comme l'indiquent les dimensions données par les journaux du temps : si la montgolfière lancée à Versailles le 23 juin 1784 mesure toujours 230 pieds 6 pouces de circonférence (ce qui correspond à un diamètre de 73 pieds environ), la hauteur est de 86 et non plus de 74 pieds (cf. le *Journal de Paris* du 24 juin 1784, le supplément à la *Gazette de France* du 29 juin, la *Gazette de Leyde* du 6 juillet, la *Gazette des Pays-Bas* du 5 juillet, la *Correspondance* de Grimm, t. XIV de l'éd. de 1880, p. 7, etc., etc.).

(2) Après avoir reconnu dans sa relation qu'il n'était pas l'inventeur de la montgolfière enlevée par lui à Versailles, Pilâtre de Rozier ajoute : « Les changemens que j'y apportai n'ont rien ajouté à sa perfection. La forme de la galerie, celle du réchaud, la manière de les suspendre, les 144 cordages en patte d'oie et les décorations, voilà... les seules idées qui m'appartenoient; leur exécution a totalement dépendu de l'activité et de la complaisance de M. Réveillon. » (PILATRE DE ROZIER, *Première expérience de la montgolfière construite par ordre du Roi...*, p. 4).

(3) Les renseignements les plus abondants et les plus précis sur les dimensions et la décoration de la montgolfière sont fournis par les gazettes du temps indiquées deux notes plus haut. — Pilâtre de Rozier, qui avait de la grandeur dans l'esprit, s'attachait à donner les dehors les plus magnifiques aux aérostats qu'il montait : la splendeur du « Flesselles » et de la « Marie-Antoinette » devait être dépassée encore par la riche ornementation de la machine où l'aéronaute trouva la mort.

calotte : sur le fond d'azur se détachaient de riches ornements dorés; on voyait, rapporte la *Correspondance* de Grimm (1), « d'un côté, le chiffre de la Reine, de l'autre, les armes du Roi, vis-à-vis une gerbe ; sur une autre face, le chiffre de Sa Majesté, enlacé avec celui de la plus ancienne maison alliée de la France, en opposition avec un bras garni d'une écharpe blanche et dont la main vient de recevoir une couronne avec des lauriers ». Ce dernier motif devait flatter délicatement le roi de Suède, en lui rappelant la révolution où ses partisans, en signe de ralliement, portaient au bras gauche un mouchoir blanc. La galerie, de forme circulaire, pour permettre de manœuvrer aisément autour du brasier destiné à renouveler l'air chaud de la montgolfière, était « peinte en mosaïque (2) fond or et parsemée des chiffres du Roi, de la Reine et de fleurs de lys » ; une sorte de tente-pavillon la surmontait.

Tel était le magnifique aérostat, décoré par Pilâtre de Rozier du nom de « Marie-Antoinette » (3), qui devait être lancé devant la Cour le 23 juin; avant de le transporter à Versailles, Pilâtre voulut en faire l'épreuve chez Réveillon; les ascensions d'essai réussirent pleinement et, dans l'une d'elles, le ballon, retenu captif, resta en l'air cinq heures durant (4).

L'emplacement désigné pour le départ de l'énorme aérostat était le même qui avait été choisi, au mois de septembre précédent, lors de l'expérience de Montgolfier : le centre de la cour des Ministres (5). Mais, cette fois, une grande tente devait, pour

(1) *Éd. et loc. cit.*, pp. 8-9.

(2) On appelait communément « mosaïque » une décoration formée de losanges de couleurs variées.

(3) A l'imitation des vaisseaux, on eut assez tôt l'idée de donner des noms aux aérostats : une lettre d'Étienne de Montgolfier, écrite au cours d'une des ascensions captives qui précédèrent l'expérience de la Muette, est datée « à bord de l'aérostate le Réveillon » ; puis ce fut le « Flesselles » (du nom de l'intendant de Lyon, qui, devenu prévôt des marchands, fut massacré à Paris le jour de la prise de la Bastille), lancé à Lyon le 19 janvier 1784; le « Gustave », ainsi nommé en l'honneur du comte de Haga, qui le vit s'élever, également à Lyon, le 4 juin suivant; le « Comte d'Artois », construit par Alban et Vallet aux frais de ce prince, etc.

(4) *Journal politique de Bruxelles* (supplément au *Mercure de France*) du 26 juin 1784, p. 174.

(5) *Journal de Paris* du 24 juin 1784, et *Mémoires*... dits de BACHAUMONT, t. XXVI, p. 78.

augmenter l'effet de surprise, dissimuler aux curieux les opérations préliminaires du gonflement (1).

Le renom de Pilâtre de Rozier, la présence du Roi, de la Reine et de leur hôte illustre attirèrent à Versailles un prodigieux concours de spectateurs (2). L'Académie des Sciences elle-même, pour ne point se priver de ce spectacle, avait avancé sa séance d'un jour (3). Et, autre signe de l'enthousiasme général, Pilâtre ayant annoncé son intention d'emmener trois passagers, cinquante-quatre candidats se présentèrent; mais, pour une raison ou pour une autre, la plupart durent être écartés. Parmi les exclus se trouvait, au grand regret de Pilâtre de Rozier, le comte de Dampierre, qui avait été avec lui l'un des sept voyageurs du *Flesselles*, lancé à Lyon au mois de janvier précédent (4). Seize noms furent retenus, dont trois devaient être tirés au sort; « mais, un instant avant l'expérience, deux refusèrent de se soumettre à cette loi et plusieurs protégés voulurent interposer l'autorité, ce qui, rapporte Pilâtre, me détermina, pour éviter toute rivalité et toutes discussions, à supprimer deux plaees (5) »; et il choisit comme seul compagnon le chimiste Louis Proust (6).

(1) « Une tente de quatre-vingt-dix pieds... abritoit tout l'appareil. » (PILATRE DE ROZIER, *Première expérience de la montgolfière construite par ordre du Roi...*, p. 7).

(2) *Journal de Paris* du 24 juin 1784.

(3) PILATRE DE ROZIER, *op. cit.*, p. 4, n. 1.

(4) « Cinquante-quatre personnes s'étoient fait inscrire pour monter sur la montgolfière; une seule (*en note :* M. le comte de D... qui m'avoit accompagné à Lyon) y avoit acquis des droits, puisqu'elle avoit déjà été victime de son amour pour ce genre de gloire; malheureusement, des ordres supérieurs et des circonstances particulières me privèrent de la satisfaction d'acquiescer à ses désirs. » (*Ibid.*, p. 4).

(5) *Ibid.*, p. 4.

(6) Joseph-Louis Proust, né à Angers le 26 septembre 1754, était alors pharmacien en chef de la Salpêtrière. Lié d'amitié avec le physicien Charles, il l'aida dans les préparatifs de l'expérience du Champ de Mars, qu'il voulut répéter à Angers; mais le peu d'empressement des souscripteurs le fit renoncer à son projet (Louis CALENDINI, *les Aérostats à la Flèche en... 1785*, dans les *Annales fléchoises...*, publ. par la Société d'histoire, lettres, sciences et arts de la Flèche, t. IX, septembre-décembre 1908, p. 341; communication de M. Ch. Dollfus). Peu après l'ascension de Versailles, il fut appelé en Espagne par Charles IV et y fut nommé professeur de chimie à l'École d'artillerie de Ségovie, puis à l'Université de Salamanque; il reçut en 1789 la direction du Laboratoire du Roi à Madrid, qu'il garda jusqu'à la chute de Charles IV en 1808. Il se fixa désormais en France, d'abord à Craon, dans la Mayenne, puis dans sa ville natale, où il mourut en 1826. Proust fut un des fondateurs de la chimie moderne; c'est lui qui formula la loi des proportions définies (ou loi de Proust) et à qui est due, entre autres, la découverte de la glucose ou sucre de raisin.

L'ascension était fixée à midi; mais, à l'heure dite, aucun mouvement dans la cour des Ministres ne vint marquer l'approche du départ. Le vent soufflait du sud-ouest avec assez de force pour faire craindre que l'expérience ne fût remise (1). De fait, tandis que le public commençait à murmurer de ce retard, on hésitait encore sur le parti à prendre.

Pilâtre de Rozier était pour beaucoup dans cet embarras : dès 9 heures du matin, il parlait de ne point partir, en raison du vent, sans un ordre exprès (2). Vers midi, il vint exposer longuement à la Reine quels risques comportaient le gonflement et le départ de la montgolfière dans une atmosphère si troublée. « En effet, il étoit aisé de concevoir que, si les cordages résistoient à l'effort des quatre cent seize personnes employées à retenir la machine sur l'estrade, il y avoit à craindre que les parties de la toile où elles étoient fixées n'opposassent pas la même résistance, surtout s'il arrivoit de grands coups de vent au moment où toutes ces toiles seroient développées. Secondement, il pouvoit arriver que la pression de l'air extérieur, ou le vent, portassent ces mêmes toiles sur la flamme, à mesure qu'on raréfieroit l'air intérieur. Troisièmement, il étoit indubitable que la ma-

Louis Proust, comme chimiste du roi d'Espagne, s'occupa encore d'aérostation, dans des circonstances assez curieuses et assez oubliées pour mériter d'être rapportées. Voici ce qu'en dit le *Journal des Débats* du 8 décembre 1913, dans un « écho » signé J. C., dont l'existence nous a été signalée par M. Ch. Dollfus : « ... Un récent décret du ministre de la Guerre espagnol vient d'exhumer et d'affecter aux archives du Musée d'artillerie de Madrid une intéressante lettre du comte d'Aranda, attestant que le 11 novembre 1792, deux ans avant la... bataille [*de Fleurus*], des expériences d'aérostation militaire furent exécutées en présence du roi Charles IV, à Ségovie, par l'aéronaute Louis Proust, trois officiers et deux cadets, avec un ballon préparé à l'École d'artillerie de cette ville. Selon ce document, l'objet des essais était « d'avoir en campagne, en toute situation, et à toute heure, un poste de vigie « fixe ou ambulant à volonté et susceptible d'une grande élévation pour découvrir « le terrain alentour d'une armée et les mouvements de l'ennemi se disposant à une « attaque, comme aussi pour reconnaître l'intérieur d'une place, ou, inversement, « l'extérieur de celle-ci ». — Après une première ascension très réussie, le mauvais temps interrompit les exercices..... ». L'auteur de cet article n'a pas su identifier « l'aéronaute Louis Proust » avec le célèbre chimiste. — Il est à noter que Meister, dans la *Correspondance* de GRIMM (t. XIV de l'éd. Garnier, p. 7), appelle Proust un « chimiste *allemand* ». Cette erreur assez peu compréhensible, étant donné la notoriété de Proust dès cette époque, a été reproduite dans la légende d'une gravure contemporaine.

(1) PILATRE DE ROZIER, *op. cit.*, p. 5. — Le *Journal de Paris* rapporte que « le grand vent empêcha qu'elle (*l'expérience*) ne fût tentée le matin, suivant l'annonce qui en avoit été faite ».

(2) « Il étoit trois heures après midi et il y en avoit déjà six que je sollicitois avec les plus vives instances pour obtenir cet ordre... » (PILATRE DE ROZIER, *op. cit.*, p. 6).

chine, après sa course, reposant à terre, seroit renversée par le vent, et qu'alors la flamme du réchaud, se portant sur la galerie, occasionneroit un embrasement qui pouvoit devenir général (1). »

Marie-Antoinette renvoya avec bonté l'aéronaute aux ministres, qui, de leur côté, le laissèrent décider à son gré s'il fallait ou non procéder au départ. Ce n'était pas, à la vérité, ce que demandait Pilâtre de Rozier. Bien éloigné de redouter pour lui-même un accident, il craignait de paraître lâche en ne partant pas. D'autre part, fort jaloux de sa réputation (2), il envisageait la fâcheuse impression à laquelle l'exposerait un échec public : n'en rejetterait-on pas sur lui la faute entière? Et des envieux n'iraient-ils pas suggérer que, privé des conseils directs des Montgolfier, Pilâtre de Rozier n'était plus bon à rien (3)? Ce qu'il lui fallait, c'était un certificat fort net, attestant que le départ se faisait sur l'ordre exprès du Roi et sans égard pour les dégâts matériels, prévus par l'aéronaute, qui pourraient se produire au départ ou à l'atterrissage (4). Ce qu'il lui fallait surtout, c'était l'assurance pour l'avenir qu'on ne lui tiendrait pas rigueur de ne point réussir complètement.

Après une demi-journée de sollicitations, Pilâtre obtint enfin ce qu'il désirait tant : vers 3 heures de l'après-midi, Calonne le manda, écouta ses raisons, les lui fit préciser devant Marie-Antoinette, le comte d'Artois et le comte de Haga, et le Roi accorda l'ordre écrit (5). Quant au second point, Pilâtre de

(1) Pilatre de Rozier, *op. cit.*, p. 5.

(2) Sur le goût de Pilâtre de Rozier pour la gloire, on serait parfois tenté de dire pour la gloriole, les témoignages abondent ; voy. ce qu'en dit son biographe Tournon de la Chapelle, *op. cit.*, pp. 53-54.

(3) « Ma situation... devenoit très embarassante : le succès de cette expérience appartenant à l'inventeur, rien ne pouvoit balancer les désagrémens auxquels j'allois m'exposer en satisfaisant à l'impatience du concours prodigieux de spectateurs, qui, sans avoir égard aux circonstances qui contrarioient ma nouvelle entreprise, témoignoient déjà leur mécontentement sur le retard que le mauvais temps me forçoit de faire éprouver. D'un autre côté, si, en cédant au désir général, la montgolfière se fût déchirée avant son départ, j'aurois eu l'humiliation de la rabaisser sur l'estrade et d'entendre dire que l'absence de l'inventeur avoit fait manquer l'expérience. » (Pilatre de Rozier, *op. cit.*, pp. 5-6).

(4) « Il ne me restoit donc qu'une seule ressource pour prévenir les atteintes de la malignité. C'étoit un ordre du Roi, qui permît de publier que *j'avois prévu les risques auxquels j'exposois la montgolfière avant le départ et après sa descente; mais qu'ayant assuré qu'il n'y avoit aucun danger pour les voyageurs, Sa Majesté avoit consenti à sacrifier la machine en totalité, plutôt que de voir le public s'en retourner mécontent.* » (*Ibid.*, p. 6).

(5) *Ibid.*, pp. 6-7.

Rozier eut la joie de recevoir de la Reine la promesse que, même en cas d'échec complet, on n'aurait recours pour les ascensions officielles à aucun autre aéronaute que lui (1).

Sans perdre un instant (2), Pilâtre fait tirer une boîte d'artifices; à ce signal, les ouvriers se rassemblent, se groupent en équipes à leur poste; telle est l'ardeur au travail de ces quatre cent seize hommes (3) qu'au bout de dix minutes à peine, la tente qui recouvrait l'estrade a disparu et que les derniers préparatifs sont terminés. A 4 heures précises, une seconde détonation retentit; c'est le comte de Vergennes qui met le feu au foyer (4), et le gonflement commence. D'abord, se dévoile la calotte sphérique, puis la masse bleue de la montgolfière; les uns après les autres, les motifs décoratifs apparaissent et soulèvent les applaudissements de la foule surprise (5). Bientôt, l'énorme

(1) « La Reine daigna, avec une bonté qui ne s'effacera jamais de ma mémoire, me rassurer en me promettant que je serois seul chargé d'une nouvelle expérience, quand bien même je n'obtiendrois aucun résultat satisfaisant. » (*Ibid.*, p. 7).

(2) L'activité de Pilâtre de Rozier frappait vivement ses contemporains; voici ce qu'en dit Tournon de la Chapelle (*op. cit.*, p. 54) : « On n'oubliera point, sans doute, que ce n'est pas sans raison que l'on a prodigué à M. Pilâtre les surnoms d'*intrépide* et d'*infatigable*; et comment ne les eût-il pas mérités? Lui que l'on a vu, lorsqu'il faisoit construire des montgolfières, entraîné par un tel zèle, qu'il oublioit les fonctions les plus nécessaires à la vie: je l'ai vu moi-même oublier de dormir et de manger, et prendre un biscuit au bout de quarante-huit heures. Avec quelle incroyable agilité ne l'a-t-on pas vu donner des ordres, commander au dernier ouvrier, faire tout exécuter sous ses yeux, courir, voler d'estrade en estrade avec le sang-froid du plus hardi marin? »

(3) « Transporté de cette faveur, je volai au champ de bataille : aussitôt, une boite donna le signal qui devoit rassembler les ouvriers; on les voyoit accourir de toutes parts. Tous, également animés par le désir d'ajouter quelques fleurons aux lauriers des Montgolfiers, travailloient avec une ardeur et une intrépidité dont on a peu d'exemple... Près de quatre cent seize ouvriers se trouvèrent aux postes que j'avois désignés. » (Pilatre de Rozier, *op. cit.*, p. 7). — Ces détails sont en partie confirmés par le *Journal de Paris* du 24 juin. — Il semble que de ces « quatre cent seize ouvriers », le plus grand nombre fussent de simples manœuvres et bien peu des gens de métier: dans l' « état des avances », déjà publié par M. Caudevelle, mais que nous croyons devoir donner de nouveau (*pièce justificative n° 3*), on trouve seulement l'indication d'une somme de 141 livres 11 sous « pour dépense de M. Réveillon à Versailles et de trente-cinq personnes et ouvriers menés avec lui pour l'aider, tant la veille que le jour de l'expérience ».

(4) De même, on vit, le 19 septembre suivant, quatre grands personnages, le duc de Chaulnes, les maréchaux de Biron et de Richelieu et le bailli de Suffren, tenir, avant le départ, les cordes du ballon des frères Robert et le guider jusqu'au plancher aménagé sur le grand bassin des Tuileries.

(5) Pilatre de Rozier, *op. cit.*, p. 8. — Meister, avec sa lourde emphase, a laissé le témoignage de la beauté et de la grandeur de cette scène : « Je ne conçois pas, dit-il, qu'il soit possible d'offrir aux regards de l'homme un spectacle plus magni-

globe, entièrement développé, dépasse le toit du Palais, et les efforts des manœuvres, cramponnés aux cordes, résistent avec peine aux rafales du vent, pendant que l'on achève d'arrimer la galerie.

A 4 h. 25, douze grenadiers viennent, au son des tambours et d'une musique militaire, remettre en grande cérémonie à Pilâtre de Rozier un pavillon blanc portant d'un côté le nom de la Reine et de l'autre ses armes (1).

A 5 heures moins le quart, tout est prêt pour le départ, et les deux aéronautes prennent place dans la galerie. Mais un incident se produit qui pourrait avoir des suites tragiques (2) : Pilâtre de Rozier s'aperçoit que, par inadvertance, un des câbles qui retenaient le ballon reste encore attaché à une barrière. Il voit l'accident qui menace : ou la montgolfière aura une force ascensionnelle suffisante pour arracher la clôture et retombera bientôt lourdement sur la foule, ou, ballottée par le vent au bout de cette unique corde, elle risquera de se déchirer et de prendre feu. Il saute de la galerie, coupe le câble et se hâte de regagner son poste; mais déjà la flamme plus vive ayant donné au ballon une force nouvelle, les douze grenadiers ne le retiennent plus que péniblement. Même la galerie quitte presque le sol au moment où Pilâtre de Rozier cherche à escalader la balustrade; tout d'abord, il n'y parvient pas, casse, dans son élan, la boucle d'argent

fique et plus imposant que celui de l'élévation de cette prodigieuse machine. Ce qu'on aperçut d'abord au milieu de l'estrade, lorsqu'on eût enlevé les toiles qui abritaient tout l'appareil, ne présentait au premier coup d'œil que l'apparence d'une tente ordinaire dont on n'a pas encore achevé d'assujettir les mâts et les piquets; mais, au bout de quelques minutes, le développement de cette masse informe devint sensible; on en vit sortir comme par une puissance magique une immense coupole qui semblait être toute en pierre de taille... »; et, plus loin, dans un élan de lyrisme sentant un peu l'effort : « En voyant le développement de cette étonnante machine, qui, cachée un instant auparavant sous une estrade peu élevée, ne tarda pas à dominer le faite de tous les palais dont elle était environnée, échapper ensuite sans effort à cette multitude de bras qui la retenaient, et, après avoir reçu dans son sein deux mortels intrépides, s'élever majestueusement et se frayer une route nouvelle à travers l'immensité des airs, l'imagination, dis-je, frappée d'un spectacle si grand, ne pouvait-elle pas croire un moment assister à la création d'un monde nouveau et le suivre au sortir du néant, s'élançant fièrement dans l'espace pour aller se réunir à tous ceux qui parcourent déjà depuis tant de siècles l'éternelle enceinte de ce vaste univers? » (Éd. de 1880, t. XIV, pp. 8-9).

(1) Pilatre de Rozier, *op. cit.*, p. 8; *Journal de Paris* du 24 juin 1784.

(2) Pilatre de Rozier (*op. cit.*, pp. 8-10) en donne un long récit confirmé par le *Journal de Paris* du 24 juin.

Photographie du Château de Versailles, prise d'un ballon dirigeable.

de son soulier et se blesse légèrement la jambe (1); mais, redoublant d'efforts, hissé tant bien que mal par d'obligeants voisins, tandis que les hommes de manœuvre s'arc-boutent pour retenir un instant encore le ballon, il peut échapper à l'angoisse de voir partir seul son novice compagnon.

A peine de retour à son bord, il retrouve son sang-froid et donne le signal du départ qu'annoncent au public trois fortes détonations (2). La musique joue l'ouverture du *Déserteur* (3), les tambours battent aux champs et, au milieu des applaudissements, des cris de joie, la belle montgolfière s'élève majestueusement dans les airs (4). Puis, le feu ayant été mis au réchaud placé dans

(1) Dans ce mouvement trop vif, Pilâtre, ayant cassé la boucle de son soulier, l'arracha et la jeta à l'un de ses amis, M. Devains; il rapporte, au sujet de ce menu incident, un trait assez piquant (*op. cit.*, p. 9, n. 1) : « Comme des affaires particulières m'avoient obligé de rester huit jours à Versailles et que j'avois vainement fait demander ma boucle aux personnes qui nous avoient aidé, je fus très agréablement surpris lorsqu'arrivant à Paris, je trouvai sur ma cheminée un ecrain garni d'une charmante paire de boucles, avec une lettre anonyme qui ne me laissa point douter que je devois cette galanterie à M. Devains.

« *Extrait de la lettre qui accompagnoit les boucles :*

« Le prophète Élie, en s'élevant dans les airs sur un char de feu, jeta son man-
« teau qui le gênoit à son serviteur Élisée, à qui il devint d'un heureux augure.
« La circonstance où je reçus votre boucle, Monsieur, la rend pour mon cœur un
« monument bien intéressant, puisqu'elle me rappellera une des époques de votre
« célébrité; et qu'en mettant le comble à ma satisfaction, elle fera dater mon
« bonheur d'un moment aussi glorieux pour vous. Daignez agréer cet échange.
« Monsieur, et recevoir avec bonté mes félicitations, qui sont aussi sincères que
« l'attachement avec lequel j'ai l'honneur d'être, etc. »

Pilâtre laissa aussi dans la bagarre une « montre à secondes » qu'il se fit rembourser par le contrôleur général. (Voy. *pièce justificative n° 3*).

(2) Pilatre de Rozier, *op. cit.*, p. 10. Il était alors 5 heures moins le quart (*Journal de Paris* du 24 juin 1784; *Journal politique de Bruxelles,* supplément au *Mercure de France* du 3 juillet, etc.).

(3) *Le Déserteur*, opéra de Monsigny, représenté pour la première fois à la Comédie-Italienne le 6 mars 1769.

(4) Voici les détails donnés par Pilâtre de Rozier sur le début de l'ascension (*op. cit.*, pp. 10-11) : « Les douze grenadiers lancèrent la montgolfière, ... et l'atmosphère retentit de nouvelles acclamations, des transports, des cris de joie de Vive le Roi, la Reine, M. le comte d'Haga, etc. : en un mot, tout se confondit à une certaine distance et ne produisit plus qu'un seul son. La montgolfière s'élevoit très lentement et décrivoit une diagonale, en offrant un spectacle tout à la fois agréable et majestueux. Comme un vaisseau qui s'est précipité du chantier dans les eaux, cette étonnante machine se balançoit superbement dans l'air qui sembloit l'arracher de la main des hommes. Ses mouvemens irréguliers intimidèrent un instant une partie des spectateurs, qui, craignant qu'une chute prochaine ne mît leur vie en danger, s'éloignèrent à grands pas. Après avoir allumé mon fourneau, je saluai les spectateurs, qui me répondirent de la manière la plus flatteuse. Les grenadiers suisses, émus par un sentiment qui tenoit du respect, mirent involontairement le sabre à la main pour me rendre mon salut. J'eus

la galerie, l'ascension se fait plus rapide et les deux aéronautes, délivrés de la crainte de retomber sur la foule amassée tout autour du Château, peuvent jouir à loisir de l'admirable spectacle offert à leurs seuls regards (1). Pilâtre de Rozier en a laissé une description (2) qui, tout en se ressentant un peu du style ampoulé de l'époque, rend assez fidèlement l'incomparable poésie des voyages aériens et peut encore, en dépit de sa longueur, être lue avec intérêt :

« Arrivés dans les nuages, la terre disparut entièrement à nos yeux ; un brouillard très épais sembloit nous envelopper; puis, un espace plus clair nous rendoit la lumière. De nouveaux nuages, ou plutôt des amas de neige, s'amonceloient de toutes parts; une partie tomboit perpendiculairement sur les bords extérieurs de notre galerie, qui en retenoient en assez grande quantité; une autre se fondoit en pluie sur Versailles et sur Paris.

« Le baromètre avoit descendu de neuf pouces et le thermomètre de seize degrés. Curieux de connoître la plus grande élévation à laquelle notre machine pouvoit atteindre, nous résolûmes de porter au plus haut degré la violence des flammes, en soulevant notre brasier et soutenant nos fagots sur la pointe de nos fourches. Parvenus aux plus hautes de ces montagnes glacées, et ne pouvant plus rien entreprendre, nous errâmes quelque temps sur ce théâtre plus que sauvage : théâtre que des hommes voyoient pour la première fois. Isolés et séparés de la nature entière, nous n'apercevions plus sous nos pas que ces énormes masses de neiges, qui, réfléchissant la lumière du soleil, éclairoient alors infiniment l'espace que nous occupions. Nous restâmes huit minutes sur ces monts escarpés, à 11,732 pieds de la

aussi le temps d'observer sur quelques visages un mélange d'intérêt, d'inquiétude et de joie. En continuant ainsi notre marche ascensionnelle, je m'apperçus qu'un courant d'air supérieur, opposé au nôtre, faisoit pencher la montgolfière : voulant éviter le feu, j'engageai M. Proust à marcher huit à dix minutes horizontalement; puis, augmentant la chaleur, nous nous élevâmes ».

(1) Les aéronautes et les aviateurs qui ont « survolé » le Château et le Parc en ont certainement tous gardé le vif souvenir; sous cet aspect imprévu, l'œuvre du Grand Roi paraît dans toute sa majesté; l'heureuse ordonnance des lignes, le contraste des arbres et des eaux sont une joie pour les yeux et pour l'intelligence. Il est à noter que Pilâtre, plus sensible, comme la plupart de ses contemporains, au charme de la nature qu'à la beauté classique des jardins français, n'a pas un mot pour ce qui nous frapperait tant de nos jours.

(2) Pilatre de Rozier, *op. cit.*, pp. 11-14.

terre, dans une température de cinq degrés au-dessous de la glace, ne pouvant plus juger de la vitesse de notre marche, puisque nous avions perdu tout objet de comparaison. Cette situation, agréable sans doute pour un peintre habile, promettoit peu de connaissances à acquérir au physicien; ce qui nous détermina, dix-huit minutes après notre départ, à redescendre au-dessous des nuages pour retrouver la terre. A peine étions-nous sortis de cette espèce d'abîme, que la scène la plus riante succéda à la plus ennuyeuse (1); nous vîmes tout à coup le spectacle le plus admirable : les campagnes nous parurent dans leur plus grande magnificence; tout étoit si éclatant que nous crûmes que le soleil avoit dissipé l'orage; et, comme si on eût tiré le rideau qui cachoit la nature, nous découvrîmes aussitôt mille objets divers répandus sur un espace dont notre œil pouvoit à peine mesurer l'étendue. L'horizon seulement étoit chargé de quelques nuages qui paraissoient toucher la terre : les uns étoient diaphanes, d'autres réfléchissoient la lumière sous mille formes différentes; tous, en général, étoient privés de cette teinte brune qui porte à la mélancolie. Nous passâmes, dans une minute, de l'hiver au printemps. Nous vîmes un terrain immense couvert de villes et de villages, qui, en se confondant, ne ressembloient plus qu'à de beaux châteaux isolés et entourés de jardins; les rivières, qui

(1) Les biographes de Pilâtre de Rozier ont voulu voir dans ce passage un trait de modestie, assez éloigné pourtant, semble-t-il, du caractère de leur héros : « Ce mémoire (la relation publiée par Pilâtre et dont nous nous sommes longuement servi dans le présent récit), ce mémoire, dit Tournon de la Chapelle (*op. cit.*, pp. 52-53), parut non seulement exempt d'exagération, mais, encore, portoit un caractère de vérité assez rare dans ces sortes de relations. L'on remarqua surtout une phrase qui peignoit très naïvement la situation de l'âme de M. de Rozier; lorsque, ne voyant plus la terre, il se trouvoit au-dessus des nues : « Je « voulus enfin, dit-il, sortir de cette scène *ennuyeuse*. » Un homme s'ennuyoit au-dessus des nues! Ne seroit-ce point qu'au physique, de même qu'au moral, l'homme qui s'élève au-dessus des autres est bientôt las de son élévation et n'a souvent d'autre plaisir, ou du moins de plus grand, que celui de redescendre parmi eux? » — Rœderer, dans l'éloge funèbre de Pilâtre de Rozier qu'il prononça, le 24 août 1785, dans la séance publique de l'Académie royale de Metz (publ. par E.-A. Bégin, *op. cit.*, pp. 85-92), s'exprime en termes presque identiques; il est certain que l'un des auteurs a emprunté à l'autre tout ce morceau, mais Rœderer ajoute un trait qui lui est personnel : « Tout Versailles a vu M. Pilâtre donnant, l'été dernier, à un souverain étranger, le spectacle de la plus belle expérience aérostatique qui eût encore été faite, réunissant sur lui les regards de la famille royale, honoré, comblé de ses attentions les plus touchantes et les plus flatteuses; il embrasse tendrement ses amis en s'élevant aux nues, et il redescend tendre au milieu d'eux. Je l'ai vu dans sa gloire comme nous sommes dans la vie commune; pourtant, cette gloire était sa première et il n'avait pas trente ans. » (*Ibid.*, p. 88).

se multiplioient et serpentoient de toutes parts, n'étoient plus que de très petits ruisseaux destinés à l'ornement de ces palais; les plus vastes forêts devenoient des charmilles ou de simples vergers; en un mot, les prés et les champs n'avoient que l'ensemble des verdures et des gazons qui embellissent nos parterres. Ce merveilleux tableau, qu'aucun peintre ne peut rendre, nous rappeloit ces métamorphoses miraculeuses des fées, avec cette différence, que nous voyions en grand ce que l'imagination la plus féconde n'avoit pu créer qu'en petit, et que nous jouissions de la réalité de ce qu'avoit enfanté le mensonge. C'est dans cette charmante position que l'âme s'élève, que les pensées s'exaltent et se succèdent avec la plus grande rapidité. Voyageant à cette hauteur, notre foyer n'exigeoit plus de grands soins, et nous pouvions facilement nous promener dans la galerie. Mon ardent coopérateur changea plusieurs fois de poste; nous étions aussi tranquilles sur notre balcon que sur la terrasse d'une maison élevée, jouissant de tous les tableaux qui se renouveloient continuellement, sans nous faire éprouver de ces étourdissements qui effrayent une infinité de personnes.....

« ..... Les vents, quoique très considérables, emportoient notre bâtiment sans nous faire éprouver le plus léger roulis : nous n'apercevions notre marche que par la vitesse avec laquelle les villages fuyoient sous nos pieds, en sorte qu'il sembloit, à la tranquillité avec laquelle nous voguions, que nous étions entraînés par le mouvement diurne. Plusieurs fois, nous cherchâmes à nous approcher de la terre, jusqu'à distinguer les acclamations qu'on nous adressoit, et auxquelles il nous eût été facile de répondre à l'aide d'un porte-voix ; en un mot, tout nous amusoit; la simplicité de nos manœuvres nous permettoit de parcourir des lignes horizontales et obliques, de monter et descendre, remonter et redescendre encore, et aussi souvent que nous le jugions nécessaire. »

La relation de Pilâtre de Rozier donne peu d'indications précises sur la route parcourue par le ballon, mais les observateurs ne manquèrent pas pour le suivre dans sa marche et pour fournir aux gazettes de nombreux renseignements.

De Versailles même, on avait bien vu la montgolfière, après une lente et majestueuse ascension, se perdre dans les nuages que le vent portait vers le nord-est, puis reparaître et disparaître jusqu'à trois fois; dix-sept minutes après son départ, on cessa définitivement de la voir (1). Les aéronautes se trouvaient déjà au-dessus de Paris, où leur marche rapide fut observée avec quelque détail; on les vit traverser à une grande hauteur le Luxembourg et le faubourg Saint-Germain (2). Il est probable qu'à ce moment, l'aérostat trouva dans les couches supérieures de l'atmosphère un courant du sud; sa course, suivant désormais la direction du nord, le porta vers les Tuileries et Montmartre (3).

Le marquis d'Arlandes, qui avait été le second de Pilâtre de Rozier dans la célèbre ascension de la Muette, s'était posté, pour mieux suivre le voyage aérien de son ancien compagnon, sur un des moulins de la butte. La montgolfière passa non loin de là (4), puis s'engagea au-dessus de la grande plaine de Gonesse; d'Arlandes la vit s'abaisser sur les bois qui, au nord, bornent l'horizon et en conjectura qu'elle avait dû descendre près de la route de Chantilly. La supposition était exacte : après avoir délibéré s'il ne s'arrêterait pas à Luzarches, Pilâtre, craignant de se jeter contre les maisons de la ville, avait jugé prudent de

(1) Information de Versailles, en date du 27 juin 1784, publiée dans le supplément à la *Gazette de France* du 29 juin, dans la *Gazette des Pays-Bas* du 5 juillet et dans les *Nouvelles extraordinaires de divers endroits* (ou *Gazette de Leyde*) du 6 juillet. D'autres points que Versailles, plus élevés ou plus dégagés, on put observer l'aérostat pendant la plus grande partie de sa course; dans la seconde édition de la *Première expérience de la montgolfière construite par ordre du Roi*..., p. 20, en note, Pilâtre de Rozier a recueilli le témoignage « de trois personnes qui travailloient à la machine de MM. Robert (*le ballon du duc de Chartres*) à Saint-Cloud » : « A cinq heures, nous avons distingué la montgolfière à la hauteur de la Brosse : elle a disparu l'espace de huit minutes dans les nuages, au-dessus de Neuilly; ensuite, elle a baissé près d'Ecouen, derrière la montagne. Au bout de quatre minutes, elle s'est relevée et nous l'avons parfaitement suivie pendant douze minutes; ce qui donneroit cinquante-une minutes de marche, sans y comprendre le temps que la montgolfière a employé à venir de Versailles à l'endroit où nous l'avons d'abord observée... — A Saint-Cloud, ce 1er juillet 1784. — *Signés :* BOISARD fils, l'abbé DARD, DURAND l'aîné ». L'inexactitude des indications topographiques données par ce document n'est pas faite pour surprendre, rien n'étant difficile pour un observateur inexpérimenté comme de déterminer du sol la marche d'un aérostat passant à une grande hauteur dans une direction oblique.

(2) Lettre de Paris, du 24 juin, publiée par la *Gazette des Pays-Bas* du 28 juin et la *Gazette d'Amsterdam* du 2 juillet; information de Paris reproduite par la *Gazette de La Haye* du 2 juillet.

(3) *Gazette des Pays-Bas* du 28 juin et *Gazette d'Amsterdam* du 2 juillet.

(4) *Ibid.*; voy. aussi le *Journal de Paris* du 24 juin, la *Gazette de La Haye* du 2 et le *Courrier du Bas-Rhin* du 3 juillet.

remonter (1); mais, parvenu à la lisière de l'immense massif forestier qui s'étend à perte de vue vers le nord, il n'osa pas en tenter la traversée (2) et résolut d'atterrir sans retard.

Le réchaud privé d'aliments, l'énorme globe vint doucement (3)

(1) « Parvenus à Luzarche, nous nous déterminâmes d'y mettre pied à terre. Déjà le peuple témoignoit la satisfaction la plus vive; la foule augmentoit; une partie tendoit les bras pour ralentir notre chute, tandis que les animaux de toutes espèces s'enfuyoient épouvantés, comme s'ils eussent pris notre montgolfière pour un animal vorace. Mais appréciant bientôt, par la vitesse de notre marche, que nous serions portés sur les maisons, nous ranimâmes notre foyer : sautant alors avec la plus grande légèreté par-dessus les édifices, nous échappâmes à ces premiers hôtes qui restèrent interdits. » (Pilatre de Rozier, *op. cit.*, p. 14).

(2) Il craignit de manquer de combustibles (*Journal de Paris* du 25 juin; *Courrier du Bas-Rhin* du 3 juillet; Pilatre de Rozier, *op. cit.*, p. 16).

(3) « Les vessies qui faisoient ressort sous notre galerie rendirent notre descente très douce. » (*Ibid.*, p. 15). — Il est à noter que l'atterrissage de la montgolfière n'ayant pas eu de témoins oculaires, les documents sont parfois difficiles à concilier. Le récit donné par Pilâtre de Rozier (*op. cit.*, pp. 15-16) ne renferme pas d'invraisemblances et nous l'avons généralement suivi. Pourtant, il est en opposition formelle sur un point important avec deux textes de première main qu'il faut étudier ici. Dans son journal (utilisé par M. Macon, *Historique du domaine forestier de Chantilly*, t. II, p. 48), le lieutenant des chasses Toudouze note, dans son style incorrect, qu'on a vu tomber « le ballon de Montgolfier... au canton des Hautes-Coutumes... vers les 5 heures et demie du soir, où le feu a pris dans sa chûte et a été totalement brûlé, ayant eu très peu de chose de sauvé... Le drapeau de la Reine a été sauvé du feu. — Le chêne sur lequel le ballon est tombé a été brûlé et en est mort ». (Bibl. Mazarine, *ms. 3.372*, pp. 569-570). D'autre part, une lettre anonyme, mais dont l'auteur est certainement Marc-Antoine Combemale (*vide infra*) et qui parut dans le *Journal politique de Bruxelles*, supplément au *Mercure de France* du 24 juillet 1784, semble confirmer les indications données par Toudouze : « Ce ballon... est arrivé ici à 5 heures et quart précises » (cette précision n'est qu'apparente; tous les documents indiquent comme heure de l'atterrissage 5 h. 1/2 ou plus exactement 5 h. 32) « du mercredi 23. Lorsqu'il a fallu dépasser la plaine et remonter au-dessus de la forêt, il a été battu d'un grand coup de vent, qui l'a fait toucher contre les arbres. Cette grande secousse ayant sans doute crevé sa calote et dérangé le foyer, a occasionné sa chûte deux minutes après, à cent pas de l'endroit où il avoit touché. Il est tombé sur un chaume; aussitôt, nous avons vu sortir une fumée très épaisse; à l'instant après, une flamme considérable ». Il n'est pas besoin de faire remarquer que le vent, si violent fût-il, n'a pu provoquer seul la chute du ballon : on sait que les aéronautes éprouvent dans les airs l'impression du calme absolu. Reste l'assertion que la montgolfière aurait pris feu en tombant; il est possible que le foyer mal éteint se soit renversé en touchant le sol et ait mis le feu à un arbre ou à une meule de paille, ce qui permit à des spectateurs éloignés de croire à l'incendie de la machine. Mais il est difficile d'aller plus loin. En admettant l'hypothèse de Toudouze et de M. de Combemale, on s'expliquerait mal comment les flammes auraient épargné assez longtemps la galerie pour permettre le sauvetage des instruments et en particulier du pavillon aux armes de la Reine, et on s'expliquerait moins encore comment, pendant la demi-heure que les aéronautes restèrent seuls, le feu n'aurait pas entièrement consumé la montgolfière, faite des matières les plus combustibles. Enfin, Pilâtre de Rozier n'aurait eu aucun intérêt d'amour-propre à dissimuler la vérité sur ce point, puisque, dès avant son départ, il avait prédit l'incendie de l'aérostat à l'atterrissage et dégagé ainsi d'avance sa responsabilité; du reste, par la publicité donnée à sa

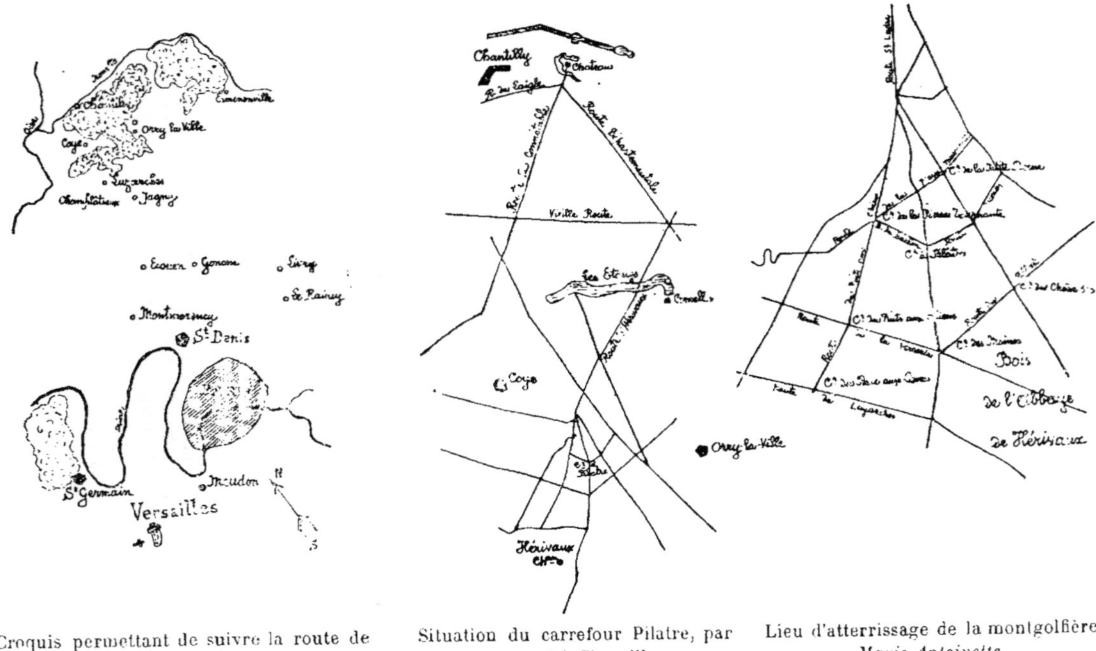

Croquis permettant de suivre la route de la montgolfière *Marie-Antoinette*.

Situation du carrefour Pilatre, par rapport à Chantilly.

Lieu d'atterrissage de la montgolfière *Marie-Antoinette*.

se poser sur la cime des arbres (1); un heureux coup de vent l'en dégagea et le porta dans un carrefour où les deux voyageurs mirent pied à terre sans encombre, à 5 h. 32 de l'après-midi (2), soit quarante minutes à peine après leur départ de Versailles, dont plus de douze lieues les séparaient.

Bien qu'assez proche de la route de Coye à Orry-la-Ville, le canton de la forêt de Chantilly où la descente avait eu lieu (3) était fort désert et, pendant plus d'une demi-heure, les aéronautes restèrent seuls (4). En attendant que le secours leur vînt, ils s'employèrent à sauver ce qu'ils purent de la montgolfière; le pavillon aux armes de la Reine, les instruments, les vêtements furent tout d'abord mis à l'abri. Mais l'accident que Pilâtre de Rozier avait redouté se produisit, assez tard heureusement pour n'avoir pas de suites funestes : une rafale vint soulever la montgolfière dégonflée (5), le fourneau se renversa et les cordages qui soutenaient la galerie se prirent à brûler.

Pilâtre et son compagnon n'épargnèrent aucun effort pour empêcher la flamme de se propager, mais, n'ayant d'autre outil qu'un méchant couteau, ils se virent bientôt forcés de faire la part du feu. La nacelle, très combustible, fut sacrifiée et ne tarda pas à être consumée; en revanche, les aéronautes résolurent de sauver à tout prix la calotte, faite de peaux de moutons, et la partie centrale de l'enveloppe, qui toutes deux étaient neuves; quant au cône inférieur, pour lequel on avait utilisé des parties de la première montgolfière de Versailles, transformée et agrandie lors de l'expérience de la Muette, il se trouvait très fatigué.

relation, Pilâtre s'interdisait d'avancer des faits douteux, dont le contrôle, somme toute, était assez facile pour les contemporains.

(1) Lettre de M. de Combemale, citée ci-dessus.

(2) *Correspondance...* de Grimm, t. XIV, p. 7; supplément à la *Gazette de France* du 29 juin; *Gazette des Pays-Bas* du 5 juillet; *Gazette de Leyde* du 6 juillet, etc.; voy. aussi le témoignage du lieutenant des chasses Toudouze, cité p. 48, note 3.

(3) Voy. la carte. — « La partie des anciens bois d'Hérivaux » où se produisit l'atterrissage est « comprise entre la route Manon, la route Nibert et la route du Débat. » (G. Macon, *Historique du domaine forestier de Chantilly*, t. II, p. 48).

(4) Pilatre de Rozier, *op. cit.*, p. 15; *Correspondance...* de Grimm, t. XIV, p. 8.

(5) « Vingt minutes après notre descente, le vent... souffla fortement le haut de la montgolfière, qui, dans son renversement, entraîna la galerie et le réchaud qui y adhéroit. » (Pilatre de Rozier, *op. cit.*, p. 15). Cf. à la note 3 de la p. 48 la discussion sur l'incendie de l'aérostat.

et Pilâtre en distribua sans regret à la foule ce qui put échapper à l'incendie (1).

Peu à peu, en effet, les curieux avaient afflué de toutes parts (2); un industriel de Coye, Marc-Antoine Combemale (3), accompagné de ses ouvriers, fut d'un précieux secours : il parvint à transporter dans ses ateliers les parties restées intactes de la machine, les sauvant ainsi de la totale destruction dont le zèle indiscret de l'assistance les menaçait (4). Des seigneurs des environs, le président Molé, le comte de Nantouillet, M. Seroux de Bienville, contestaient à qui reviendrait l'honneur d'offrir l'hospitalité aux deux aéronautes (5). Pilâtre et Proust acceptèrent de se rendre chez le dernier et, suivis d'une brillante escorte, prirent à cheval le chemin de La Morlaye.

Ils ne tardèrent pas à se voir arrêtés par un piqueur du prince de Condé (6); celui-ci, prévoyant, d'après la direction du vent, que le ballon parti de Versailles serait poussé vers Chantilly,

(1) Pilatre de Rozier, *op. cit.*, pp. 15-16.

(2) *Ibid.*, p. 16.

(3) « Marc-Antoine Combemale exploitait, depuis le 21 juin 1775, la manufacture de toiles peintes établie par les s[rs] Daguet, Moll et Cie dans le château de Coye, qui appartenait au prince de Condé. Combemale n'y fit pas ses affaires et céda son bail, le 1er juillet 1785, à Jacques Patrix, négociant de Rouen. » (G. Macon, *op. cit.*, p. 49, n. 1).

(4) « M. de Combemale, qui ne tarda pas à contenir la foule, rapporte Pilatre de Rozier, s'empressa de me seconder : à sa voix, tout le monde obéit et on conduisit la montgolfière dans un château voisin » (*op. cit.*, p. 16). Ce « château voisin » n'était autre que celui de Coye, où, on l'a vu, se trouvait la manufacture de Combemale. Celui-ci le dit nettement dans sa lettre publiée dans le *Mercure de France* du 24 juillet et citée plus haut p. 48, note 3 : « J'ai fait porter tous les secours possibles par mes ouvriers et autres gens du pays, afin de sauver des flammes les débris de cette superbe machine. L'on est parvenu à en conserver les deux tiers, que j'ai fait transporter, et qui sont encore chez moi, en attendant les ordres de M. P. de R. » — Le fait est confirmé par l' « état des dépenses » que l'on trouvera plus loin (*pièce justificative n° 3*) : une somme de 96 livres est allouée « à M. de Combemale pour les ouvriers qui ont enveloppé la montgolfière à Chantilly ».

(5) Pilatre de Rozier, *op. cit.*, p. 16. — Le président Molé (Édouard-François-Mathieu Molé, marquis de Méry-sur-Oise, seigneur de Champlâtreux, président à mortier au Parlement de Paris, né le 5 mars 1760, décapité le 20 avril 1794) « possédait dans la forêt de Coye, en indivision avec le prince de Condé, les bois de la seigneurie de Luzarches... et le comte de Nantouillet, ceux de la seigneurie de Marly » (G. Macon, *op. cit.*, p. 49, n. 1). La famille de M. de Bienville (François-Louis Seroux de Bienville, fils de Louis-François Seroux, seigneur de Bienville, Commodelle, La Grangère et autres lieux, capitaine au régiment de Bourbon, dragons) avait acquis en 1679, du grand Condé, le château et les terres de La Morlaye (*Ibid.*, p. 50, n. 1).

(6) Louis-Joseph de Bourbon, prince de Condé (1736-1818), celui-là même qui commanda les armées de l'émigration.

avait, dès le début de l'après-midi, fait observer l'horizon par des guetteurs postés sur le château (1); à 5 h. 1/2, on vit tomber la montgolfière dans les bois, au delà des étangs de Commelles. Des cavaliers furent aussitôt lancés à la recherche des aéronautes, avec ordre de les conduire à Chantilly (2).

A une invitation si flatteuse, il était difficile de répondre par un refus, et M. de Bienville lui-même renonça de bonne grâce à la joie qu'il s'était faite de recevoir les deux voyageurs. Pilâtre et Proust prirent congé de lui au carrefour de la Table et, de là, poussèrent jusqu'au château (3). Le prince arriva peu après (4) et fit à ses hôtes un accueil digne de leur exploit. « Les seigneurs de sa cour, rapporte Pilâtre de Rozier, nous fêtoient à l'envi... Quoique dans le plus grand désordre, S. A. S. nous permit de descendre dans son appartement, où l'on nous servit à dîner ; la salle, quoique très vaste, pouvoit à peine contenir tous les spectateurs. La gaîté et la satisfaction la plus pure présidoient à notre repas. Le prince, Monseigneur le duc d'Enguien (5), Mademoiselle de Condé (6) et la cour la plus nombreuse qui assistèrent à ce festin nous adressèrent les questions les plus obligeantes (7). »

Une faveur plus rare et plus inattendue était réservée à l'heu-

(1) Pilatre de Rozier, *op. cit.*, p. 16 ; Tournon de la Chapelle, *La Vie et les Mémoires de Pilâtre de Rozier*, p. 51. — Il est à noter qu'à la fin du XVIIIe siècle, le château de Chantilly était d'un étage plus élevé que de nos jours.

(2) Pilatre de Rozier, *op. cit.*, p. 16.

(3) *Ibid.*, p. 17 ; sur la réception à Chantilly, voy. aussi : Tournon de la Chapelle, *op. cit.*, pp. 51-52 ; le *Journal de Paris* du 25 juin ; la *Gazette de France* du 29 juin ; le *Courrier du Bas-Rhin* du 3 juillet 1784 ; le Journal de Toudouze (Bibl. Mazarine, *ms.* 3.372, p. 570), etc. — Le carrefour de la Table est figuré sur le croquis II de la p. 49, à l'intersection de la Vieille-Route et de la route d'Hérivaux.

(4) Le prince de Condé était lui-même allé à la recherche des aéronautes (Pilatre de Rozier, *op. cit.*, pp. 16-17) ; le lieutenant des chasses Toudouze note le fait dans son journal : « Promenades de LL. AA. SS. et compagnie en voitures pour aller voir la chute du ballon venant de Versailles » (*loc. cit.*, p. 569).

(5) Le dernier prince de Condé, Louis-Henri-Joseph (1756-1830) ne porta jamais du vivant de son père le titre de duc d'Enghien, mais celui de duc de Bourbon. Il s'agit certainement ici de son fils, l'infortuné duc d'Enghien, alors âgé de douze ans (1772-1804).

(6) Louise-Adélaïde de Bourbon (Mlle de Condé ou Mlle Louise), née en 1757, devint abbesse de Remiremont en 1786, puis religieuse aux Carmélites de Turin sous le nom de sœur Marie-Joseph, et mourut en 1824 prieure des Bénédictines de l'Adoration perpétuelle au Temple, à Paris.

(7) Pilatre de Rozier, *op. cit.*, p. 17. — Son récit est confirmé par le journal de Toudouze (*loc. cit.*, p. 570).

reux aéronaute : après le repas, le prince de Condé se fit apporter une carte de ses terres, y marqua le lieu de l'atterrissage et lui donna le nom de carrefour Pilâtre de Rozier (1) qu'il a gardé jusqu'à ce jour (2).

Peu après, un courrier, chargé par la Reine d'aller aux nouvelles, arriva de Versailles; Pilâtre rédigea sur-le-champ, pour le lui remettre, un procès-verbal de son ascension; le prince, Mlle Louise, le duc d'Enghien et les deux premiers seigneurs venus au secours des aéronautes voulurent bien attester par leurs signatures la véracité de ce curieux document (3).

Il n'eût tenu qu'aux deux voyageurs de prolonger leur séjour à Chantilly; mais comme ils lui exprimaient leur désir de rentrer sans tarder à Versailles, le prince eut à cœur de leur donner une dernière marque de bienveillance et leur fournit toutes commodités pour le retour (4). « Sa voiture, ses chevaux et la poste, dit Pilâtre, tout fut à nos ordres; il nous suffisoit de désirer pour obtenir. Nous arrivâmes à Versailles à trois heures du matin. ... Il y avoit trois nuits que je ne m'étois point couché : mon appartement se trouvoit occupé par un ami; je profitai... d'un lit qui me fut offert par un de mes voisins (5). »

Dès 7 heures du matin, Pilâtre de Rozier fut tiré de son court sommeil : un de ses amis venait l'avertir qu'à plusieurs reprises le Roi s'était informé du retour des aéronautes. Pilâtre, pour répondre à la sollicitude de ses augustes protecteurs, s'empressa d'aller rendre compte de son voyage. Il eut audience à 8 heures, et l'accueil qu'il reçut du Roi, de la Reine, de la fa-

(1) PILATRE DE ROZIER, *op. cit.*, p. 17. — Le fait est confirmé par TOURNON DE LA CHAPELLE, *op. cit.*, p. 52; par GRIMM, *Correspondance*, t. XIV, p. 7, n. 1; par les *Mémoires* dits de BACHAUMONT, t. XXVI, p. 80; et par la plupart des journaux du temps : le *Journal de Paris* du 25 juin, le supplément à la *Gazette de France* du 29 juin, etc. — « Une petite route aboutissant » au carrefour Pilâtre de Rozier, « dite la route Chevalier, reçut le nom de route du Ballon » (G. MACON, *op. cit.*, p. 50).

(2) A vrai dire, les cartographes modernes semblent ne plus comprendre le sens de cette dénomination et ont transformé le carrefour *Pilâtre* en carrefour *à Pilate*!

(3) PILATRE DE ROZIER, *op. cit.*, pp. 17-18. On trouvera ce procès-verbal au nº IV des *pièces justificatives*.

(4) *Journal de Paris* du 25 juin et supplément à la *Gazette de France* du 29.

(5) PILATRE DE ROZIER, *op. cit.*, p. 18.

mille royale et des principaux ministres fut la première récompense de son exploit (1).

La ville joignit ses applaudissements à ceux de la cour. Proust, à peine arrivé à Versailles, avait, sur les conseils de son compagnon, repris le chemin de Paris (2), et s'était rendu tout droit au siège du Musée, sorte d'association scientifique créée par Pilâtre de Rozier à l'usage des gens de qualité (3); tous les amis du physicien s'y étaient donné rendez-vous : Proust y trouva, rapporte Pilâtre, « un concours prodigieux de personnes de tous les rangs, auxquelles il donna tous les détails qui pouvoient satisfaire la curiosité; les tambours de la Ville et les poissardes venoient aussi nous complimenter selon leur usage (4) ».

L'art des graveurs (5), la verve des chansonniers (6), l'enthousiasme des nouvellistes célébrèrent à l'envi ce triomphe.

(1) Pilatre de Rozier, *op. cit.*, pp. 18-19; supplément à la *Gazette de France* du 29 juin.

(2) *Ibid.*, p. 18; *Courrier du Bas-Rhin* du 3 juillet.

(3) Sur l'organisation du Musée, fondé en 1781, voy. E.-A. Bégin, *Pilâtre de Rozier et les aérostats*, pp. 13-21. Les notices biographiques de Proust, et notamment celle de la *Grande Encyclopédie du XIXe siècle*, assurent qu' « il enseignait... la chimie au « Musée » de son ami Pilâtre de Rozier ». Nous n'avons pu vérifier le fait.

(4) Pilatre de Rozier, *op. cit.*, p. 18.

(5) Ici encore, nous nous contentons de renvoyer le lecteur à l'iconographie aéronautique que prépare M. Ch. Dollfus. Il faut noter que les gravures inspirées par la seconde ascension de Versailles sont moins nombreuses et d'un caractère beaucoup plus populaire que celles de la première.

(6) Un almanach intitulé : *La Colombe de Vénus ou la Beauté triomphante, seconde partie de « l'Amour dans le globe ou Almanach volant »; contenant des chansons... avec l'histoire exacte et détaillée des voyages aériens faits... depuis le premier janvier 1784...* [Paris (chez Bailly), s. d. (1784); 95 p. in-12], que décrit John Grand-Carteret dans son travail sur *les Almanachs français, bibliographie, iconographie...* [Paris (Alisié), 1896; in-4°], n° 791, pp. 201-202, renferme à la page 63 une « Chanson sur la Montgolfière Antoinette » sur l'air « du Vaudeville de la *Folle Journée* ». Ce précieux petit livre ne se trouve pas à la Bibliothèque nationale, mais M. Paul Tissandier, qui le possède dans sa riche collection, a bien voulu, avec son obligeance coutumière, nous communiquer le texte qui nous intéresse. Il suffira, pour montrer au lecteur la médiocrité de ce morceau, de citer ici trois des cinq strophes qui le composent :

. . . .

Aux yeux de la cour plénière
Du meilleur des Souverains
Il monte en la Montgolfière
Chercher de nouveaux chemins;
Du nom d'Antoinette fière,
La machine, en liberté,
S'élève avec majesté.

. . . .

Pilatre et Proust, en bons frères
S'aidant l'un l'autre à l'envi,
En surpassant leurs confrères,
Se sentent le cœur ravi;
En domptant les vents contraires
Dont leur Globe est assailli,
Ils voguent à Chantilli.

Deux faveurs officielles vinrent le consacrer : Pilâtre de Rozier reçut une pension de 2,000 livres (1) et, par une préférence que semblait justifier suffisamment le succès sans conteste de l'ascension de Versailles (2), M. de Calonne (3) confia au « premier aéronaute » la glorieuse mission de traverser la Manche par la voie des airs.

Semblables aux Fils d'Alcide,
Et digne sang de Bourbon,
Enghien, Adélaïde,
Le trouvent utile et bon :
Leur Suffrage alors décide
Combien, à ces voyageurs,
On doit d'encens et d'honneurs.

D'autre part, A. GEFFROY, dans son ouvrage sur *Gustave III et la Cour de France*, t. II, p. 34, cite deux couplets d'une chanson, sans indiquer où il les a trouvés ; nous les reproduisons, plutôt pour leur curiosité que pour leur valeur littéraire :

C'était en Suède et non ailleurs
Qu'il fallait, mes braves Messieurs,
Aller à tire d'ailes
Et porter des nouvelles.

Déjà vous seriez de retour
Et vous auriez fait votre cour
A ce roi dont la gloire
Ornera notre histoire.

Ni l'une ni l'autre de ces pièces ne se trouve dans le *Chansonnier historique* de RAUNIÉ.

(1) « M. le Contrôleur général, qui avoit présidé à tous les détails de cette expérience et dissipé toutes mes craintes, m'obtint de la bienfaisance du Roi une pension de 2,000 livres. » (PILATRE DE ROZIER, *op. cit.*, p. 19). Le fait est confirmé par TOURNON DE LA CHAPELLE, *op. cit.*, p. 52, et par la lettre du comte d'Antraigues que nous citons plus loin.

(2) Si le public approuva généralement ce choix, les amis des Montgolfier ne cachèrent pas leurs murmures. Dans une lettre adressée le 30 octobre 1784, de La Bastide, à la chanteuse Saint-Huberty, le comte d'Antraigues écrit : « ... Notre ami Montgolfier est reparti de chez moi pour Annonai, il y a peu de jours, mais il lui est arrivé avec M. le Contrôleur général un événement bien bizarre. Vous avez vu l'aérostat de Montgolfier qui devait le suivre à Annonai. Le jongleur Pilâtre s'en empara pour en brûler la moitié devant le roi de Suède. Pilâtre eut 2,000 [*livres*] de pension pour sa gentillesse et le ballon brûlé nous fut envoié ; il s'agissait de faire un grand essai et pour cela il fallait raccomoder le ballon. Montgolfier demande des fonds à M. de Calonne. On lui répond que le Roi n'en veut plus emploier aux ballons ; et le même jour, le grand Pilâtre écrit à Montgolfier qu'il a obtenu les fonds nécessaires pour faire un arostat (*sic*) pour aller à Londres et il le prie de lui dire comment il doit s'y prendre. Que dites-vous de ce trait-là ? Je l'ai raconté avec quelques réflexions à quelques amies de M. de Calonne qui lui feront sentir le tort que fait à son administration une pareille inconséquence. Je suis convaincu que M. de Calonne ne sait rien de la demande de Montgolfier et qu'un misérable commis aura fait sa bizarre réponse ; il faut que vous aies la bonté de répandre un peu ce trait-là dans le païs où vous êtes ; ce n'est jamais que par la crainte d'un ridicule qu'on répare une injustice. » (Musée historique de la Ville de Paris, *Autographes de la Collection Nadar*).

(3) Il est à noter que Pilâtre de Rozier avait tenu à faire hommage au contrôleur général du pavillon de la montgolfière « Marie-Antoinette » (PILATRE DE ROZIER, *op. cit.*, p. 15, n. 1).

*
* *

Comment de ces brillantes expériences, suivies par le public avec passion, prolongées par les vives polémiques des gazettes, le souvenir a-t-il pu disparaître à ce point? C'est pourtant un fait; seuls, un nom de lieu dont le sens n'est plus compris, quelques gravures jaunies ou de vieux livres longtemps relégués dans la poussière des greniers rappellent aujourd'hui ces événements, à les bien prendre, extraordinaires, mais qui connurent, après la célébrité la plus éclatante, l'injustice d'un prompt et complet oubli. Jamais, vraiment, la mode ne fut plus inconstante que dans ces dernières années de l'Ancien Régime; le mesmérisme, les ballons, les figures parlantes, le bonhomme Franklin, les sarcasmes de Figaro se succédèrent dans les faveurs de cette frivole époque en attendant que des sujets plus graves vinssent fixer les esprits et les détourner de toutes les « Folies du jour ».

Mais le temps s'est montré juge équitable : rejetant dans l'oubli les faux brillants dont la badauderie s'était éprise, il a restauré les gloires de bon aloi; si la cuve magnétique de Mesmer et de Cagliostro ne fait plus tourner les têtes, le « Barbier » rit toujours et fait rire; quant aux travaux des Montgolfier, des Charles et des Pilâtre, notre âge, heureux spectateur de leur couronnement, y a repris intérêt. Les plaques commémoratives, les monuments se multiplient, les amateurs se disputent les charmantes curiosités aéronautiques, nées de la mode d'une saison et si longtemps méconnues depuis. Des érudits, enfin, se sont trouvés pour rappeler l'attention sur les expériences de montgolfières qui eurent lieu dans les diverses provinces. A ces études où l'anecdote locale est au premier plan, mais où l'histoire des sciences et celle des mœurs trouvent aussi leur compte, nous avons voulu apporter une modeste contribution. Le lecteur nous le pardonnera peut-être s'il s'est plu comme nous, quand passe un vol rapide d'avions, ou qu'un dirigeable glisse avec majesté au-dessus du Palais, à évoquer dans le décor royal de belles montgolfières, or et azur, fuyant lentement vers l'horizon chargé de nuages.

PIÈCES JUSTIFICATIVES

I

Lettre d'Étienne de Montgolfier « à M. de La Lande (1), *qui étoit alors à Bourg-en-Bresse », pour lui rendre compte de l'ascension de Versailles du 19 septembre 1783.*

Publiée par LA LANDE, dans le compte rendu de la *Description de la Machine aérostatique de MM. de Montgolfier...*, par Faujas de Saint-Fond (*Journal des Savants* pour l'année 1784, p. 23).

Après la catastrophe du vendredi 12 septembre, dont vous fûtes témoin, je n'espérois plus faire l'expérience de Versailles au jour indiqué. Cependant, le samedi, après m'être consulté avec quelques amis, j'y entrevis de la possibilité et, le dimanche au matin, je fis mettre le plus d'ouvriers qu'il fut possible pour exécuter une machine en toile de coton peinte. On y travailla avec tant d'activité que le jeudi, à 8 heures du matin, j'avois une nouvelle machine sphéroïde de 45 pieds de haut sur 41 de diamètre, et une estrade pour la soutenir de façon que l'on pût passer commodément (2) par-dessous pour pénétrer dans l'intérieur et y produire la combustion. Tout étoit prêt dans la grande cour du château de Versailles, lorsque je fus menacé d'un tems semblable à celui de vendredi; je fus obligé de couvrir la machine. Sur les quatre heures, la pluie ayant cessé, je me hâtai de faire quelques expériences. Je suspendis, comme vous avez vu, le sommet de la machine par un cordage pour procurer le premier fluide pour la combustion; dans le moment, il survint un coup de vent si violent que toute la cime fut déchirée. (*p. 24*) On y remédia par une ligature qui embrassoit la partie ouverte, et le vent étant baissé, 40 à 50 livres de paille suffirent en six minutes pour l'élever à 12 pieds de terre, où elle fut retenue par des cordages pendant quelques minutes. Après quoi, on la fit redescendre tranquillement sur l'estrade en la pliant d'une façon commode pour la transporter à Versailles; elle arriva la même nuit. Le vendredi 19, on la posa sur une pareille estrade à Versailles. Le Roi et toute la Cour vinrent voir l'intérieur de la machine; la

(1) C'est le célèbre astronome Lalande (1732-1807).

(2) Le texte porte : commandement (*sic*).

plupart paroissoient surpris de ne voir qu'un réchaud et de la toile pliée.

Au signal donné par la Reine, on tira une boîte, et je fis tout de suite allumer le feu; à peine la machine commençoit à se remplir que la pression d'un coup de vent sur une de ses surfaces la fit vider presque entièrement, et comme elle étoit encore retenue par le cordage du haut, l'accident de la veille se renouvella (*sic*). Par ma position, je ne vis point cette déchirure dont mes coopérateurs ne m'avertirent pas. Je fis continuer le feu et, au bout de 7 minutes après le premier signal, je fis donner le second; alors, tout le monde abandonnant les 32 cordes qui retenoient la machine, elle s'éleva avec un mouvement accéléré presque verticalement, entraînant avec elle une cage d'osier où étoient un mouton, un coq et un canard. A environ 150 ou 200 toises, elle essuya un coup de vent brusque qui la fit coucher sur le côté, la partie inférieure ayant plus résisté au mouvement que la supérieure, à raison de sa plus grande masse. Par cette inclinaison, il se perdit beaucoup de gas (*sic*) par l'orifice d'en bas qui étoit tout ouvert, les poids que j'avois destinés à le fermer étant insuffisans. La partie inférieure du sphéroïde, de convexe, devint aussitôt concave. Cependant le poids de la cage et du lest ayant ramené la machine dans la situation verticale, elle plana quelque temps, puis descendit lentement à 1,800 toises du point de départ. Les animaux n'ont aucunement souffert, à la réserve du coq qui, avant le départ, a eu l'aile cassée d'un coup de pied du mouton (1). Lorsque la machine est parvenue à terre, la déchirure

(1) On lit dans les soi-disant *Mémoires historiques de Marie-Thérèse, Louise de Savoie-Carignan, princesse de Lamballe...*, rédigés par Mme DE MÉRÉ, née Élisabeth GUÉNARD, et publiés par elle sous le Consulat, chez Lerouge, en 4 vol. in-8o [réédition du « bibliophile POL ANDRÉ », sous le titre : *Mémoires de la princesse de Lamballe, favorite de Marie-Antoinette;* Paris (Albin Michel), s. d.: in-8°; pp. 227-228], d'intéressants renseignements sur le sort du mouton, du coq et du canard, ainsi qu'une anecdote sans doute apocryphe, mais qui mérite d'être rapportée : « La cage avait été séparée par l'effet de la chute. Mais ces premiers aéronautes qui n'avaient nulle idée du danger de l'expérience et dont ce violent exercice avait excité l'appétit, mangeaient tranquillement. On les rapporta en triomphe, et le Roi, après avoir félicité l'auteur de cette importante découverte, ordonna que les animaux qui avaient démontré la possibilité d'exister au-dessus de la région nébuleuse fussent nourris et conservés avec grand soin à la Ménagerie... Comme Madame de Lamballe descendait de la terrasse pour se promener dans les bosquets, elle aperçut un des ouvriers qui avait été employé à la construction de la montgolfière et qu'elle avait vu travailler à Rambouillet; et, comme il pleurait, elle lui demanda ce qu'il avait. « Pardi, Madame, j'en ai sujet; j'avais dit à Mon« sieur Montgolfier : Laissez-moi monter dans cette galerie que vous faites au« dessous de la machine; il n'a jamais voulu et a prétendu qu'il ne risquerait « point la vie d'un homme. Il y a mis trois animaux qui vont vivre à leur aise « sans que rien ne leur manque; si le Roi a eu tant de bonté pour des bêtes, que « n'aurait-il pas fait pour un pauvre artisan comme moi? Ma fortune serait faite... « Je ne m'en consolerai jamais. » — Madame de Lamballe rit beaucoup de cette ingéniosité et lui donna quelques louis pour le consoler d'avoir manqué une si belle occasion de s'enrichir ».

du haut avoit augmenté au point d'avoir 10 pieds au moins de longueur. Malgré cet accident et celui d'avoir chaviré, elle s'est élevée à environ 290 toises et est restée environ 10 minutes en l'air. On a usé de 60 à 70 livres de paille et 8 à 10 livres de lainage pour la remplir.

Je m'occupe à réparer la machine, à la consolider et à l'augmenter un peu pour pouvoir substituer des hommes aux animaux qui ont fait le premier trajet et pour savoir exactement le poids qu'elle peut porter, le tems qu'elle peut rester en l'air, la quantité de combustible nécessaire à l'élever et ce qu'il faut pour réparer la déperdition occasionnée soit par l'inexactitude de l'enveloppe, soit par la condensation.

La machine, lors de l'expérience, (*p. 25*) pesoit environ 700 livres, et les animaux, la cage et le lest, de 150 à 200 livres.

II

Octroi à Étienne de Montgolfier d'une somme de 8,000 livres, pour la construction d'un nouvel aérostat, et à son frère Joseph d'une pension de 1,000 livres.

Archives Nationales (1), fonds de la Maison du Roi, *reg.* O^1*268* (« *Décisions du Roi* » *pour pensions et indemnités diverses, année 1784*), p. 4.

(*En marge*) : M. Montgolfier, 8,000 l.; ordonnance du 11 janvier 1784. Exercice 1784.

4 janvier 1784. — M. de Montgolfier, inventeur de la machine aérostatique, pénétré de reconnoissance des grâces qu'il a reçues de Sa Majesté, réclame aujourd'hui les mêmes bontés pour son frère, qui partage avec lui le mérite de la découverte et qui a même consacré une partie de sa fortune pour en assurer le succès.

Il se présente un moyen de le récompenser par l'abandon que vient de faire M. Pilâtre de Roziers de la pension de 1,000 l. que Votre Majesté lui avoit destinée (2).

Le Contrôleur général a l'honneur de proposer à Votre Majesté de disposer de cette pension en faveur du frère de M. de Montgolfier.

Le Contrôleur général propose en même temps à Votre Majesté d'ac-

(1) Nous avons été aimablement guidé dans nos recherches aux Archives Nationales par notre confrère M. Welvert, chef de la section moderne.

(2) Pilâtre avait refusé cette pension qui lui semblait mal payer le succès de l'expérience de la Muette.

corder au s. de Montgolfier une somme de 8,000 l. qu'il demande et que tout le public semble demander avec lui, pour le mettre en état d'entreprendre la construction d'une machine aérostatique telle qu'elle puisse franchir le trajet de Calais à Douvres. Il paroît intéressant pour l'honneur même de votre royaume de prévenir les Anglois et de ne pas leur laisser le petit avantage de nous primer par la suite d'une découverte qui excite toute leur jalousie.

De la main du Roi : Bon.

Pour copie conforme à la décision originale remise à M. Duclaud pour l'expédition du brevet, signé : GOJARD.

III

État des dépenses faites à l'occasion de l'expérience aérostatique du 24 juin 1784.

Archives Nationales, fonds de la Maison du Roi, *reg. O'268*, p. 179 ; publié par E.-J. CAUDEVELLE. *Sur un état des avances faites à Pilâtre de Rozier par ordre du contrôleur général en 1784*, dans le *Bulletin de la Société académique de Boulogne-sur-Mer*, t. IV (1885-1890) ; pp. 128-129.

(*En marge*) : M. Pilâtre de Rozier, 3,000 l. ; ordonnance du 3 octobre 1784. Exercice 1784.

25 septembre 1784.

État des avances faites pour la première montgolfière enlevée à Versailles par ordre de Monseigneur le Contrôleur général, en présence de Leurs Majestés et de M. le comte d'Haga, sous la direction de M. Pilâtre de Rozier.

Savoir, payé :	
Au nommé Chauvin, serrurier.	168 l.
Au vanier.	150 l.
A Du Moulin, mercier.	158 l. 12. 3
A Du Moulin, maître maçon.	26 18
A M. Réveillon, pour peinture.	218 13
Pour journées des ouvriers employés. . . .	347 6
Payé au s. Dubots, 155 aunes de toile pour agrandir la montgolfière	425 15
Pour journées des femmes employées à coudre	182 l.
[*A reporter*. . . .	1.677 l. 4 s. 3 d.]

[*Report*	1.677 l.	4 s. 3 d.]
Pour dépense de M. Réveillon à Versailles et de 35 personnes et ouvriers menés avec lui pour l'aider, tant la veille que le jour de l'expérience.	141	11
A M. de Combemale pour les ouvriers qui ont enveloppé la montgolfière à Chantilly.	96	
A M. Proust et au domestique, pour frais de voyage.	36	
A Valet et Laurent pour serge et toile	16	16
Pour frais de voyages de M. de Rozier.	8	4
Pour frais d'impression (1)	290	
	2.265 l.	15 3

Le s. de Rozier a l'honneur de représenter à Monseigneur le Contrôleur général qu'il a perdu une montre à secondes à l'instant du départ.

Bon pour 3,000 lb. eu égard à la perte et à toutes les circonstances.

CALONNE.

IV

Procès-verbal de la descente de Pilâtre de Rozier et Louis Proust dans la forêt de Chantilly.

A (original) : Paris, Collection Paul Tissandier (2).

B (variante) : publ. dans PILATRE DE ROZIER, *Première expérience de la montgolfière...*, p. 20.

(*En tête, d'une autre encre que le texte*) : Procès-verbal de descente adressé à la Reine (*a*).

La machine partie de Versailles (*b*), à cinq heures moins un quart, est descendue à cinq heures et demi (*c*) dans la forets de Chantilly (*d*), près de la route Manon (*e*). La galerie a été brulée une demie heures après sa descente (*f*). Les voyageurs sont très bien portans (*g*), mais la machine très endomagée (*h*), ainsi que De Rozier avoit eu l'honneur de l'observer à Sa Majesté (*i*).

(1) Il s'agit probablement de l'impression du mémoire de Pilâtre intitulé : *Première expérience de la montgolfière construite par ordre du Roi*, dont nous avons fait un fréquent usage.

(2) Nous devons la communication de ce document à M. Paul Tissandier qui a bien voulu nous ouvrir libéralement les trésors de ses collections.

Monseigneur le Prince de Condé a bien voulu constater l'instant et le lieu de la descente.

Au château de Chantilly, ce 23 juin 1784 (*j*).

LOUIS-JOSEPH DE BOURBON

Le duc D'ENGUIEN

LOUISE-ADÉLAÏDE DE BOURBON

BIENVILLE, cap[e] de dragons au régiment de Bourbon

FRANCLIEU fils.

(*a*) Ce titre ne se trouve pas dans le texte publié par Pilâtre de Rozier; il est remplacé par la date suivante : « Du château de Chantilly, le 23 juin 1784, à neuf heures du soir ». — (*b*) *Texte B :* La montgolfière partie de la cour des Ministres. — (*c*) *Texte B :* à cinq heures trente-deux minutes. — (*d*) *Texte B :* dans un carrefour de la forêt de Chantilly. — (*e*) *Texte B :* près de la route Manon, distant d'environ treize lieues de Versailles. — (*f*) La phrase manque dans B. — (*g*) *Texte B :* Les voyageurs, très bien portans, n'ont éprouvé aucun accident. — (*h*) *Texte B :* La galerie seulement et une partie du cône ont été endommagés une demi-heure après la descente. — (*i*) *Texte B :* de l'observer à Votre Majesté avant son départ. — (*j*) Toute la fin du document, depuis : « Monseigneur le Prince... » jusqu'aux signatures exclusivement, manque dans B.

DESCRIPTION DES GRAVURES

Planches hors texte :

I. Gravure populaire représentant la montgolfière du 19 septembre 1783.

Cette gravure, appartenant à la Bibliothèque de Versailles, est d'une grande rareté; on ne la trouve ni au cabinet des Estampes, ni dans aucune des collections de curiosités aérostatiques que nous connaissions. Le médiocre artiste qui en est l'auteur a représenté, sans le moindre souci des proportions, la montgolfière s'élevant au-dessus de la cour des Ministres, où quelques groupes tiennent lieu de l'immense foule de spectateurs dont parlent tous les documents; l'image du Château même n'est pas plus exacte : on n'y voit nulle trace des travaux que Gabriel avait entrepris à l'aile Nord, et qui, à cette date de 1783, étaient interrompus depuis plusieurs années.

Contrairement aux deux gravures suivantes, cette estampe n'est pas coloriée.

Sous le trait carré, on lit la légende suivante :

LE GLOBE AÉROSTATIQUE construit à Versailles a été placé dans la 1re Cour du Château, dite Cour des Ministres, sur un échafaut de 60. pieds quarré et || 8. de hauteur. Environ 100. Ouvriers travailloient aux preparatifs, et le tout étoit enfermé d'une toile pour empêcher le Public de voir ce qui se passoit || intérieurement. Ce Globe de la capacité de 60. pieds de haut et 40. de diamètre, fond d'azur, son pavillon et ses ornemens couleur d'or, contenant 4000. pieds cubes || de Gaze, pouvoit enlever douze cent livres pèsant; cependant il n'a été chargé que de six cent, sans compter son poids qui étoit de 7. à 8. cent; on y a attaché une Cage || dans laquelle étoit enfermé un mouton; et le 19. 7bre 1783. à 1. heure après midi, aïant été rempli d'air inflammable, il s'est enlevé en présence du Roi et de la Famille Royale. Sa || direction formoit avec la méridienne vers le couchant un angle de 87. degrés 40. min. l'angle au dessus de l'horison étoit d'un deg. 55. m. 55. sec. ce qui donne une hauteur || de 293. toises au dessus du rez-de-chaussée de l'Observatoire : le diametre apparent étoit d'environ 6 min. ce qui indiquoit que la machine s'approchoit de l'Observatoire, || et en effet elle a été porté sur Paris à 1800. toises du point de son départ au Carrefour Marechal, dans le Bois de Vaucresson près le chemin aux Bœufs où il est tombé.

Dimensions : hauteur, 0m,316; largeur, 0m,218 (1).

II. Vue d'optique représentant la montgolfière du 19 septembre 1783.

En haut, au-dessus du trait carré, on lit cette inscription inversée :

EXPRIENCE (*sic*) AROSTATIQUE (*sic*) FAITE VERSAILLES LE 19. SEPT. 1783.

La gravure, également inversée (pour être vue droite dans l'appareil d'optique), n'est que l'agrandissement en contre-partie de la belle estampe de Le Noir, reproduite à la p. 82 du livre de M. DE NOLHAC, sur *la Reine Marie-Antoinette* [Paris (Boussod, Valadon et Cie), 1890; in-4°], et dans le recueil de M. Fr.-L. BRUEL, *l'Histoire aéronautique par les monuments peints, sculptés et gravés* [Paris (Marty), 1909; in-fol.], pl. n° 35. La montgolfière vient de quitter l'estrade dressée pour le gonflement, au centre de la cour des Ministres et passe, ballottée par le vent, au-dessus de la Chapelle; les spectateurs se pressent dans la cour, aux fenêtres et jusque sur les toits du Château; on remarquera que l'aile Gabriel n'est pas encore couverte et que, sur la vieille aile du Sud, une tente a été élevée pour la Reine et ses invités.

Sous le trait carré se lit, sur deux colonnes, une légende, française à gauche, allemande à droite (2), que les dimensions de la planche hors texte n'ont pas permis de reproduire. Voici le texte français :

EXPÉRIENCE AÉROSTATIQUE Faite à Versailles le 19. Sept. 1783. en présence de leurs Majestés de la Famille Royale || et de plus de 130 milles Spectateurs Par Mrs Montgolfier avec un Ballon de 57 Pieds de hauteur, sur 41. de diamètre. || Cette superbe machine, à fond d'Azur, avec le chiffre du Roi et divers Ornements en couleurs d'Or déplaçoit 37.500. pieds cubes || d'Air Atmosphorique (sic), *pesant 3192. livres, mais la vapeur dont on la remplissoit, pésant moitié moins que l'Air commun, il restoit une || rupture déquilibre de 1596. livres sur quoi la machine et la cage ou etoit un Mouton un*

(1) Nous indiquons les dimensions du trait carré entourant l'estampe elle-même, sans tenir compte du texte gravé.

(2) Les vues d'optique, souvent gravées en Allemagne, avaient grand succès dans les foires de ce pays.

Coq et un Canard, pésant ensemble 900. *et ce || poid devant être soustrait; le Ballon auroit pu enlever encore* 696. *livres. A une heure un coup de Canon annonca qu'on alloit ramp- || lir la machine onze minuttes après, un second coup apprit quelle étoit plaine et un troisième quelle alloit partir elle s'éleva alors maje- || stueusement à une grande hauteur, a la surprise des Spectateurs et au bruit des acclamations public. Elle se soutent quelque || tems en équilibre et descendit seulement huit minuttes après, à* 1700 *toises de distance du point de son départ, dans le Bois de || Vaucresson Care four Maréchal, le Mouton le Coq et le Canard n'eprouverent pas la plus legère incommodité.*

Le texte allemand, comportant dix lignes d'écriture gothique, commence par : *Versuch welcher zu Versailles...*, et se termine par : *Der Hamel, der Hahn u : die Ente hatten nicht das geringste gelitten.*

Dimensions : hauteur, 0m,255; largeur, 0m,385.

Bibliographie : Fr.-L. Bruel, *Bibliothèque Nationale, département des Estampes, Un siècle d'Histoire de France par l'estampe,* 1770-1871. *Collection de Vinck. Inventaire analytique*, t. Ier [Paris (Impr. Nationale), 1909; in-4°], n° 940, p. 422.

L. Liebmann et G. Wahl, *Katalog des historischen Abteilung der ersten internationalen Luftschiffahrts-Ausstellung (ILA) zu Frankfurt a. M.*, 1909 [Francfort-sur-le-Main (Wüsten et Cie), 1912; in-4°], n° 197, p. 73.

III. Vue d'optique représentant la montgolfière *Marie-Antoinette* (23 juin 1784).

En haut, au-dessus du trait carré, se lit cette inscription inversée, que le graveur, semble-t-il, a voulu effacer :

LE CHATEAU ROYAL DE VERSAILLES DU CÔTÉ DE LA GRANDE AVENUE DE PARIS.

A la partie supérieure droite : « N° 79 ».

On reconnaît dans la gravure la transformation de la planche, très usée, d'une vue d'optique qui portait le numéro 79 dans la série publiée par Chéreau (1); un médiocre artiste a représenté au

(1) Ces expédients étaient fréquents; en voici un exemple particulièrement curieux : pour représenter les « Seconds voyageurs aériens ou Expérience de MM. Charles et Robert Faite à Paris dans le Parterre du Jardin Royal des Thuilleries, le 1. Décembre 1783 », un graveur peu scrupuleux a utilisé une vue d'optique assez connue, montrant la perspective des Écuries vues de la cour des Ministres : celle-ci est, de façon inattendue, transformée en jardin par l'adjonction de parterres, de statues et de bassins; des groupes de curieux circulent dans les allées et le ballon semble s'envoler vers l'avenue de Paris. Cette image de fantaisie se vendait « à Augsbourg dans le Négoce commun de l'Académie Impériale d'Empire, sous son Privilège et avec défense de n'en faire ni vendre de Copies ».

centre de la cour des Ministres quelques personnages : curieux, ouvriers et gardes, et, bien entendu, gravé dans le ciel la montgolfière, d'où s'échappe de la fumée. Cette gravure est inversée comme la précédente, et pour les mêmes raisons.

Sous le trait carré, on lit la légende suivante :

Expérience de l'Aérostat nommé la Montgolfière faite par Mr Pilatre du Rozier à Versailles le 23 juin 1784, en presence de la famille Rle et de Mr le Cte d'Haga, et grand nombre de Spectateurs. Cette || Superbe Machine la plus brillante que l'on ait encor exécuté par le procédé de Mr Montgolfier, de 86 pds de haut sur 74 de large. Apres lespace de 35 minuttes de feu l'ascention se fit avec majesté à 5 heures moins 1/4 au son d'une grande || Musique et d'un applaudissement general. M. Pilatre du Rosier et Mr Pronts (sic) *sont les voyageurs qui dans l'espace de 3/4 dh. ont parcouru 12 lieues et est descendu sans accident entre Champlâtreux et Chantilli. S. A. S. Mr || le Prince de Condé leur envoya ce qui étoit necessaire pour les transporter au Chateau et de la a Versailles le Champ ou cette machine a pris terre n'ayant point de nom, S. A. S. la nommé Pilatre de Rosier.*

En bas, à gauche, on lit l'adresse :

A Paris, chez J. Chereau, rue St-Jacques, aux 2-Colonnes, N° 257.

Dimensions : hauteur, 0m,255; largeur, 0m,402 (1).

Bibliographie : Fr.-L. Bruel, *op. cit.*, n° 1004, pp. 456-457.

IV. Photographie du Château de Versailles prise d'un ballon dirigeable.

Cette vue, prise dans la matinée à faible altitude (environ 300 m.), permet de reconnaître dans tous ses détails l'architecture du Palais et le dessin des grands parterres; à gauche de la planche, l'enfoncement de l'Orangerie fait une tache sombre; un peu au-dessous, on distingue, de la gauche à la droite, la Bibliothèque, l'École du Génie, l'Hôpital militaire et, à la partie inférieure de la photographie, la caserne des Récollets et le théâtre des Variétés; de l'autre côté du Château, en partant du haut de la planche, le Trianon-Palace, le bassin de Neptune, la rue et l'hôtel des Réservoirs, la rue du Peintre-Lebrun et un coin de la place d'Armes.

Il peut être intéressant de comparer cette vue avec une autre,

(1) Bruel, *op. cit.*, indique pour la largeur 0m,400; M. Ch. Dollfus a même rencontré des exemplaires ne mesurant que 0m,398.

prise en sens inverse et fort belle également, que l'on trouvera dans le recueil de MM. André SCHELCHER et A. OMER-DECUGIS, *Paris vu en ballon et ses environs* [Paris (Hachette), s. d.; in-4° à l'italienne], n° 23 (1).

Illustrations dans le texte (2) :

I. Carte indiquant le lieu d'atterrissage de la première montgolfière de Versailles.

II. Croquis permettant de suivre la route de la montgolfière *Marie-Antoinette*, de Versailles à Chantilly.

III et IV. Cartes indiquant le lieu d'atterrissage de la montgolfière *Marie-Antoinette* et sa situation par rapport à Chantilly.

V. Réduction, au tiers linéairement, d'un dessin satirique gravé sur un plat d'étain et se rapportant à la première expérience de Versailles (*Coll. de M. le général Hirschauer*).

(1) Le même album contient une vue de Saint-Cloud, une du Grand-Trianon, une de Saint-Cyr et une de Saint-Germain (nos 22, 24, 25 et 28).

(2) Nous devons ces divers croquis à l'obligeance de notre ami, M. Léo Crozet.

ADDENDA : *p. 9, n. 4;* sur Argand et ses démêlés avec Quinquet, il faut consulter l'excellente *Histoire du Luminaire* de M. Henri d'ALLEMAGNE [Paris (1891), in-4°], pp. 372-380.

Versailles. — Imprimerie J. AUBERT et Cie, 6, avenue de Sceaux.

www.ingramcontent.com/pod-product-compliance
Ingram Content Group UK Ltd.
Pitfield, Milton Keynes, MK11 3LW, UK
UKHW020356180726
13839UKWH00003B/1147